花椒

HUAJIAO
GAOXIAO ZAIPEI JISHU
CAISE TUSHUO

高效栽培技术
彩色图说

王田利 辛国 编著

U0255778

 化学工业出版社

·北京·

花椒近年来市场售价高，种植效益好，受到生产者和各级政府的广泛关注，出现了种植热潮，但在生产中存在不少问题，严重制约生产效益的提高。本书以花椒高效生产为主线，阐述了我国花椒栽培概况，详细地介绍了花椒的生物学特性、种质资源及现代花椒生产中先进的苗木繁育、建园、土壤管理、肥料管理、水分管理、树体调节、冻害的发生及预防、花果管理、病虫害防治等相关技术，内容实用，对生产实践有较强的借鉴意义。

本书适于广大椒农、农技推广工作者、农业院校相关专业师生、相关专业合作社组织人员参考。

图书在版编目（CIP）数据

花椒高效栽培技术彩色图说/王田利，辛国编著.
—北京：化学工业出版社，2020.5
ISBN 978-7-122-36329-9

Ⅰ. ①花…　Ⅱ. ①王…②辛…　Ⅲ. ①花椒－栽培技术－图解　Ⅳ. ① S573-64

中国版本图书馆 CIP 数据核字（2020）第 034103 号

责任编辑：张林爽　　　　　　　　文字编辑：李娇娇　陈小滔
责任校对：宋　夏　　　　　　　　装帧设计：史利平

出版发行：化学工业出版社
　　　　　（北京市东城区青年湖南街13号　邮政编码100011）
印　　装：北京瑞禾彩色印刷有限公司
880mm×1230mm　1/32　印张6　字数154千字
2020年6月北京第1版第1次印刷

购书咨询：010-64518888
售后服务：010-64518899
网　　址：http://www.cip.com.cn
凡购买本书，如有缺损质量问题，本社销售中心负责调换。

定　　价：49.80元　　　　　　　　　　　版权所有　违者必究

前言

　　花椒是我国主要香料作物，近年来，由于市场需求量大而生产能力不足，销售形势看好，保持着畅销、俏销势头。花椒进入结果期早，具有"一年苗，二年条，三年、四年把钱摇"的优势，售价高，种植效益好，受到生产者和各级政府的广泛关注，出现了种植热潮。生产中呈现基地化生产、规模化开发、产业化经营、商品化运作态势，但由于花椒知识普及受限，生产中存在不少问题，严重地制约生产效益的提高。本书立足西北，面向全国，以花椒高效生产为主线，阐述了我国花椒发展概况，详细地介绍了花椒的生物学特性、种质资源及现代花椒生产中先进的苗木繁育、建园、土壤管理、肥料管理、水分管理、树体调节、冻害的发生及预防、花果管理、病虫害防治等相关内容，可读性强，内容实用，对生产有较强的指导作用，以助推我国花椒产业高效发展。

　　由于我国花椒生产区域广泛，各地在生产中都有很丰富的经验，因笔者阅历不足、水平有限，书中不足之处欢迎广大读者批评指正。

编著者

目录

第一章

我国花椒栽培概况

花椒别名"秦椒"或"凤椒"，为芸香科花椒属落叶灌木或小乔木。花椒从树干到枝叶、果实，都有特别的风味和用途。果皮是主要的食用调味佐料，也是中药。花椒有宣散寒湿、暖胃除风、消食解胀、化痰止咳、活血通经、扩张血管、降低血压、止牙痛、杀虫杀菌、消炎止痒等功效，果皮提取物对心脑血管和肠胃疾病有奇效，且具有防癌和抑制白发产生的作用。种子和果皮内含有香茅醛、山椒辣素、香茅醇等成分，精制加工后可作为高级香精香料。果实可榨油，油渣可作饲料或肥料，枝叶除食用外，可除虫及药用。

花椒原野生于我国秦岭山脉海拔1000米以下地区，在我国栽培历史悠久，现除东北、内蒙古、西藏、青海等少数寒冷地区外均有分布，以陕西、河北、四川、山西、山东、河南、甘肃等省份栽培较多。

近年来随着市场需求量增加，花椒价格快速攀升。

由于花椒售价高，适应性强，栽培易成活，进入结果期早（一般定植后第三年开始挂果），盛果期产量高，易管理，生产成本低，见效快，收益大，近年呈快速发展态势。目前全国花椒种植面积在1200万亩❶以上，年花椒产量28万吨以上，其中四川、陕西、甘肃为栽培大省。

---

❶ 1亩≈667平方米。

第一节 ▶▶ 我国花椒产业发生的巨变

由于花椒成花容易，进入结果期早，抗旱耐瘠，适应范围广，种植后短期内见收益，加之近年来售价高、效益好，在全国形成了花椒栽植热，引发我国花椒产业发生了巨大变化，概括而言，变化主要表现在以下方面。

一、由零星种植向集约化栽培转变

花椒在我国栽培历史悠久，但长期以来以房前屋后、地埂路边零星栽培为主，小农经济特征明显。近年来，由于市场需求旺盛，高效性特征明显，引起各级政府的高度重视，政府大力倡导，作为防止水土流失、保护生态的主要树种及农民脱贫致富的支柱产业积极培育，以基地化开发、标准化生产、商品化运作的方式大大加快了花椒产业的现代化进程。一批高质量、上档次、大规模的生产基地已经建成，像山东的泰安，山西的长治，甘肃的陇南（图1-1，图1-2），陕西的韩城、凤县、宝鸡的陈仓区，四川的汉源、九龙、金阳等已成为我国花椒的著名栽培区。规模生产有效地实现了与大市场的对接，花椒产业链条有效延伸，特别是"互联网＋"电商的普及，很好地促进了产品的流通，现代花椒产业的集约化特征明显。

图1-1　甘肃陇南的花椒基地　　　　图1-2　陇南漫山遍野的红椒园

二、良种化程度大幅提高

长期以来，我国花椒栽培以农家品种为主，品种退化严重，低产劣质，生产效益受到限制。传统花椒品种大多具有皮刺，采摘费工费时，生产成本高，严重制约了花椒产业的发展。近年来，我国科研单位以易采摘、早实丰产优质、抗性强为目标，通过引种和选优培育出了一批短枝性状明显、高产、优质和无刺品种，大大加快了良种化进程。其中二十世纪九十年代中叶从日本引入的朝仓、葡萄山椒、琉璟等无刺花椒品种对我国花椒种植观念有很好的启示。我国开始了国内无刺栽培品种的选育，已取得了突破性进展，重庆市荣昌区从野生竹叶花椒中选育出了"荣昌无刺花椒"，甘肃陇南市从五月梅花椒中选育出了"陇南无刺花椒"，陕西杨凌从大红袍花椒中选育出了无刺的"农城1号"等，这些品种的选育实现了无刺花椒的中国化，极大地提高了品种的适应性。

三、精细化管理成为趋势

传统花椒栽培由于种植零散，新技术普及受到限制，生产中管理相对粗放。而现代花椒生产中，由于规模化发展，为商品化生产打好了基础，提高了抵御市场风险的能力，花椒生产效益大幅度提升。像甘肃的静宁县与秦安县接壤之处，静宁花椒分散种植，2017年每千克售价仅80元左右，而秦安花椒种植规模较大，在连片种植的花椒基地，每千克售价高达120元以上，花椒的高效性，激发了群众种植和投资的积极性。基地化生产的花椒施肥、保墒、防病虫、修剪等管理措施相对到位，花椒生产的科技水平较高，与之相对的分散种植的花椒多疏于管理，限制了其效益的提升。因此我国花椒的生产开始向集约化转变，精细化管理已成为主要趋势。

四、矮化密植成为发展的主要方向

我国传统栽培花椒，以实生苗建园为主，实生树生长速度慢，进入结果期晚，一般栽植后4～5年才能进入结果期。自从无刺花椒应用于生产后，为了保存无刺花椒的优良特性，防止出现返祖现象，生产中开始应用嫁接育苗的方法。嫁接苗具有进入结果期早，枝条密集，多呈抱合生长等特点，有的具有短枝性状，结果之后，可很好地抑制树体的生长，这些特性决定了其适宜密植栽培。另外，在新培育的品种中，一批短枝型品种脱颖而出，成为新秀，如秦安一号就为短枝型品种，树冠较小，适宜密植。目前花椒种植密度高的每亩达110株，采用矮化密植栽培，可有效提高前期枝叶覆盖率，增加光合产物积累，提高产量，对早结果早受益有十分积极的意义，在刚开始种植地区，对于提高群众种植积极性有很好的现实意义。因而矮化密植成为花椒发展的主要方向。

五、省工栽培受到重视

　　花椒耐粗放管理，适应范围广，但采摘较费工，近年来采摘人工费用大幅上涨，导致生产成本急剧增加，群众种植花椒的积极性受挫，使花椒的发展受到限制，因而提高采摘工效便是花椒生产科研的主要研究方向。目前栽培无刺花椒（图1-3），利用机械采摘为主的技术日趋成熟，使花椒生产的成本大幅下降，在省工措施应用好的产区，生产成本已由每亩2500～3000元降至了500～600元，省工栽培对于促进花椒产业又好又快发展有十分积极的推动作用。

图1-3　无刺花椒结果状

六、提高产量成为增效的主要途径

　　我国花椒种植规模已不小，但近年来，由于受栽植地土壤缺水及异常气候影响，加之粗放管理，老产区病虫害发生严重，导致花椒产能没有得到很好发挥，株产低成为生产中普遍存在的问题。许多盛果期的椒园株产不足0.5千克，而2003年在甘肃陇南武都区郭河乡，发现一株40多年生的大红袍花椒树，树高7米多，冠幅8.9米，年产干椒20余千克，最高干椒年产量超过了25千克，在当地号称"花椒王"（图1-4），因而花椒增产的潜力是非常巨大的。

图1-4　甘肃陇南的"花椒王"

近年来，提高花椒产量受到生产者高度重视，通过选用优良品种，实行垄作覆盖栽培，配方施肥，强化病虫防治，合理调控树体等措施的综合应用，花椒的产量有大幅提高，生产效益明显提升。如甘肃陇东南产区，花椒栽培近年收入稳定在每亩1万元以上，是当地种植效益较高的产业之一。

第二节 ▶ 我国花椒产业存在的问题

我国花椒产业在发展过程中，在取得可喜变化的同时，也暴露出一系列的问题，制约着产业的发展，导致产业整体生产效益不高。

一、花椒栽植成活率低，发展受到限制

花椒根系对环境敏感，暴露在空气中极易导致须根枯死，影响成活，而且暴露时间越长，栽植成活率越低。这一特性，导致花椒栽后成活率普遍不高，特别是规模化建园时，大量苗子需从外地调运，周转时间较长，须根枯死得多，因而规模化建园一次性成园，

园貌整齐的不多，这一现象使花椒的发展受到限制。

二、越界种植，自然灾害频发

任何植物生长都有一定的适宜范围，在此范围内种植，则植物生长良好，产量和品质较高，超过此范围种植，则不能生长或其优良性状难以发挥，这个范围即为该植物的适生区。花椒品种不同，树龄不同，对环境的适应性也不同。总体而言，花椒喜温怕寒、耐旱不耐涝、喜光不耐阴、怕风、易受晚霜危害，原产我国北方的品种可耐 $-23℃$ 低温，而从日本引进的品种，在极端低温低于 $-15℃$，且持续较长时间时，就会发生冻害；一般新植幼树抗寒力弱，易发生冻害，随着树龄增加，树体粗壮，抗寒力会逐渐增加。山坡上部风大，栽植花椒后，春季易造成枝梢干枯，花椒栽在太陡的坡地，水土流失严重，树势易衰弱。生产中有的地方对以上因素考虑不周，建园时园址选择不当，则花椒栽植后，自然灾害频繁发生，所栽花椒生产效益不理想。

三、放任管理，产能没有充分发挥

虽然近年来种植花椒效益好，花椒生产受到椒农和政府的普遍重视，但由于椒园大多建在立地条件相对较差的地方，离村庄较远，多种管理措施普遍落实不够，特别是刚发展地区，由于群众没有受益，舍不得投入，椒园大多缺肥少水，病虫害严重发生，树体郁闭，通透性差，产能低下，极大地影响了整体产业的发展。

四、管理不科学，干枯死树现象时有发生

由于对花椒特性了解不深，生产中没有按照花椒特性进行管理，特别是施肥作业中偏施氮肥现象较严重，导致枝梢不能适期停长，组织不充实，在冬春季极易发生抽条，严重的枝梢干枯。花椒根系好氧性强，在低洼地方，如果雨后积水，极易导致根系死亡，从而引发植株死亡；花椒侧根分布浅，夏季降水少、土壤干燥时，会导

致浅根枯死、树势衰弱甚至死亡。枝梢干枯或植株死亡，都会导致产量大幅下降，严重影响生产效益。

五、分布零散，售价较低

现代花椒生产商品化特征明显，商品化生产需要大面积的种植基地作保障，以利于货物的集散，降低商品流通的费用，提高市场竞争力。分散种植时，由于商品收购成本较高，导致收购价很难提高。虽然近年来我国花椒规模化生产程度有很大提高，但分散种植所占的比例仍很大，非常不利于整体产业效益的提高。

六、采摘费工，生产成本高

一般5～6千克鲜椒才能得1千克干椒皮，目前每千克鲜椒采收用工费6元左右，每千克干椒采收成本在30～40元之间，占到了花椒售价的1/4～1/3。人工采收费用的高涨，降低了花椒的种植效益，影响了椒农的种植积极性，有的产区由于规模小，售价低，采收不划算，椒农便不采摘，花椒成熟后直接掉落地下，造成极大的浪费。

第三节 ▶ 花椒高效生产应突出的重点

根据我国花椒产业发生的变化及花椒产业中存在的突出问题，花椒要进行高效生产，则应重点抓好以下工作。

一、适地种植

花椒喜温暖气候，耐旱，不耐严寒，喜光不耐阴。一般一年生苗易受冻，在−18℃以下时枝条即受冻害，随着树龄增加，其抗寒性会逐渐增强，15年生以上的大树在−25℃以下时易发生冻害。

花椒虽然适应性强，但要进行高效益生产，则必须将花椒种植在适宜范围内，以保证树体安全越冬，同时种植地土层要深厚，土质要肥沃，地下水位应在1米以下，要避免在山峁、低谷地带种植。

二、加大良种普及力度，推进良种化进程

品种不同，生产能力差异很大，生产中应选择抗性强，早果，丰产，易采摘品种种植，以提高产能。对于新引入的品种，要先进行试验观察，以防止走弯路，最好以栽植当地表现好的品种为主，引种栽植时坚持就近的原则，要避免在环境差异大的地方引种，以免造成大的损失。

三、科学栽植，提高园貌整齐度

所栽苗木最好自繁自育，采用随起随栽的方法，以缩短苗木根系在空气中的暴露时间；外调苗木在调运过程中要保护好根系，防止失水，到达栽植地后立即栽植，不能立即栽植的应进行假植贮藏；推广高垄栽植，以控制流胶病（黑胫病）的发生；栽后立即浇水，以沉实土壤，促进根土密接；实行覆盖栽培，保持土壤湿润以利于成活，保证一次栽植成园，提高园貌整齐度，提高产能。

四、尽可能采用嫁接苗建园

嫁接苗中的砧木应为在当地适应性强，病虫害少，寿命长，花芽开放迟，能避开倒春寒的品种，接穗具有进入结果期早、丰产性强的优良性状，通过嫁接，将二者的优势相结合，可有效地在生产中提高产能，这是近年来我国花椒栽培中的重大技术突破，应加大普及力度。

五、实行覆盖保墒栽培

干旱缺墒是我国北方花椒生产中普遍存在的问题，也是花椒产量形成的最大限制因素。花椒为浅根性作物，一般相对湿润的土壤

条件有利于根系健壮生长，提高吸收能力，而我国北方大多花椒栽植地没有浇水条件，因而保住天上的降水便成为提高产量的关键。生产中应实行覆盖栽培，通过覆沙、覆膜、覆作物秸秆等措施，以有效地抑制天然降水的蒸发，促使降水更多地用于产量的形成，以利于高产。

六、科学施肥，保障营养供给

在花椒生产中，通过不断地补充土壤养分，保持土壤肥沃、营养均衡，以满足花椒树生长结果之所需，这是提高花椒产量和生产效益的根本所在。在花椒生产中补充养分时应坚持有机肥垫底、化学肥料加劲、生物肥料增效的模式，实行化学肥料配方施肥，根据花椒的需肥特点，严格控制氮肥用量，增施磷钾肥的施用量，保证枝梢健壮生长，提高树体结果能力。

七、加强树体调控，保证椒园内通透性良好

大量生产实践证明，花椒树栽得稀的情况下，树体大，结的果多，寿命长，而栽得密的情况下，树体小，结的果少，寿命短。因而除计划密植栽植外，一般花椒种植密度根据立地条件不同，以33 ～ 54株每亩为宜，不宜过密。

在花椒生长过程中，要不停调整植株的枝量，保持树体通风透光性良好，特别是在进入大量结果期后，要注意疏除过多的大枝，要根据枝梢生长情况，确定修剪方法。营养枝生长充实的，可保留结果，而营养枝生长不充实的，要剪去先端半木质化部分，留中部花芽充实部分结果，以提高结实能力。

八、切实加强病虫防控，减轻危害

危害花椒的病虫种类较多，各病虫发生的时间不同，生产中应根据不同病虫发生情况，对症防治，以提高防治效果。

第二章

花椒的生物学特性

第一节 ▶ 花椒的生长结果习性

花椒芽有叶芽和花芽之分。叶芽可分为营养芽和潜伏芽两种。营养芽发育较好，芽体饱满，翌年春季可萌发形成枝条。潜伏芽只有当受到修剪刺激或进入衰老期后，可萌发形成较强壮的徒长枝。

花芽实质上是一个混合芽，芽体内既有花器的原始体，又有雏梢的原始体；春季萌发后，先抽生一段新梢（也叫结果枝），然后在新梢顶端抽生花序，开花结果。

花淡黄色，呈复总状花序，花瓣有5个，雌花有两个雌蕊（图2-1），雄花有5个雄蕊。

图2-1 花椒雌花序

叶片生长几乎与新梢生长同时开始，随新梢生长，幼叶开始分离，并逐渐增大加厚，形成固定大小的成叶。花椒叶片为奇数羽状复叶（图2-2），每一复叶着生小叶3～13片，多数为5～9片。小叶长椭圆形或卵圆形，先端尖。由于叶片为光合产物的加工厂，叶片数量的多少，直接决定产量的高低。每一枝条上复叶数量的多少，对枝条和果实的生长发育及花芽分化的影响很大。着生3个以上复叶的结果枝，才能保证果穗的发育，并形成良好的混合芽。

果实圆球形，表面有较低的凹凸，成熟后红色，内部有种子1粒，种子具有黑色光泽。

花椒干性弱，分枝多，成枝力强，花椒的枝条按其特性可分为结果枝、结果母枝、发育枝和徒长枝四种。结果枝1年中有1次生长高峰，发育枝和徒长枝有2次生长高峰。新梢快速生长集中在6月中旬至7月中旬。

图2-2 花椒羽状复叶

图2-3 花椒发达的侧根

花椒主根较浅，侧根发达（图2-3），根系一般分布在距地面60厘米土层内，形成错综复杂的根系网络，具有较强的吸收功能。根系生长需要疏松湿润的环境条件，如果土壤水分含量过低或土壤通透性过差，易导致根系枯死。根系一年中有三次生长高峰，第一次在萌芽前半个月，第二次在谢花后，第三次在果实采收后。

花椒结果习性：花椒上一年生长的新梢会成为结果母枝，从顶端开始到6～7节会形成花芽，花芽分化期在7月下旬至8月上旬。

花椒3月中下旬萌芽，每个花芽会长出10厘米左右的结果枝，每个枝顶端都会形成花序，开的花基本都会结果，果实轻易不会掉落，自然生长的花椒每串有20～30粒果实。开花结果期一般是

4～5月，成熟期在7～8月。

收获果串后，留下的结果枝上会长出新梢，但由于结过果的枝养分有所消耗，新梢不饱满，花芽分化也少，如控制不当极易出现隔年结果现象。

新梢的枝条顶端会形成次年春季开花结果的花芽，如果让所有枝条都结果的话，会造成结果过多，因而要将一半左右的附有花芽的枝条顶端剪切掉，作为预备枝，让它后年结果，剩余一半不要剪切，以供来年结果，这样有利于均衡结果。

花椒树生长快，进入结果期早，一般栽后2～3年开始少量结果，4～5年大量结果。结果初期营养生长旺盛，以中、长果枝结果为主；进入盛果期后，成花能力很强，中、长结果母枝的顶芽及以下1～3个侧芽能形成混合芽。

花椒多是雌雄异株，有结果的雌株和只开雄花不结果的雄株，通常雌株称为结果花椒，雄株称为开花花椒。7～8月天气晴朗时，新梢发育好，花芽分化正常，有利于来年产量的提高。

花椒树寿命较长，在管理精细、生长环境适宜的情况下，树龄可达50年以上，自然生长的大多寿命在20～30年之间。

第二节 ▶ 花椒生长发育规律

花椒树体一生中可分为幼龄期、结果初期、盛果期和衰老期，各时期生长特点是不一样的，要根据各生育期的特点落实管理措施，使管理有的放矢，以提高管理效果。

一、幼龄期

从种子萌发或苗木定植成活到开花结果前的时期，也叫营养生长期，一般为2～3年。

二、结果初期

从开始结果到大量结果前的时期，也叫生长结果期，此期树体生长仍很旺盛，树冠继续扩大，花芽量增加，结果量逐渐递增，一般为4～5年。

三、盛果期

花椒开始大量结果到衰老以前的时期，此期突出的特点是树冠已经形成，树势开张，果实的产量提高，单株产鲜椒5～10千克，干椒皮1～2千克，一般自第8年以后即进入大量结果期，受环境条件、栽培技术和管理水平的影响，此期可维持20～50年。

四、衰老期

树体开始衰老到死亡的时期，此期树冠缩小，树枝逐年枯腐直至死亡。

第三节 ▸▸ 花椒对环境的要求

花椒喜温暖气候，不耐严寒，喜光不耐荫蔽，抗旱不耐水涝，根系好氧而不耐黏重土壤，怕寒风，易受晚霜危害，适应性广，对环境要求较宽。

一、温度

花椒为阳性树种，喜温不耐寒，对气候条件有一定的要求。生长发育期需要较高的温度。在年平均气温为8～16℃的地区都有栽培，但在年均温10～15℃的地区栽培较多，在年平均气温低于10℃的地区，常有冻害发生。花椒能耐-23℃的低温，如果冬季气温降到–25℃时，不但幼树要遭受冻害，而且大树也有冻死的危险。过低气温或霜冻会造成冻害，在阴坡地或阳坡地土层浅、气温日较差较大的地方极易发生冻害。

树龄不同，品种不一样，对温度的要求是不一样的。通常树龄越小，树体抗寒性越弱，随着树龄增大，树体抗寒性会逐渐增强。起源于我国北方的花椒品种较抗寒，而起源于南方的品种易受冻。

二、光照

花椒是喜光树种。光照条件直接影响树体的生长发育和果实的产量与品质。尤其7～8月份果实着色成熟期，天气晴朗，光照充足，成熟充分，色鲜味浓，商品价值高。花椒生长一般要求年日照时间不得少于1800小时，生长期日照时间不少于1200小时。在光照充足的条件下，树体生长发育健壮，椒果产量高，品质好。光照不足时，则枝条细弱，分枝少，果穗和果粒都小，果实着色差。开花期光照良好，坐果率高，如遇阴雨、低温天气则易引起大量落花落果。

山区阴坡或半阴坡、低洼坑地及荫蔽度大处，枝条生长细弱，结果少而品质差。

三、水分

花椒在年降水量500～600毫米地区生长最好。一般在年降水量500毫米以上，且降水分布比较均匀的条件下，可基本满足花椒生长发育的要求。花椒是浅根性树种，侧根生长快，水平根系发达，吸水能力强，抗旱性较强，在年降水量400毫米左右的地区也能正常生长，具有较强的水土保持能力。花椒虽然抗旱，但是由于花椒根系分布浅，难以忍耐严重干旱。花椒生长适宜的土壤相对含水量为70%左右，在年降水量500毫米以下，且6月份以前降水较少的地区，有条件的椒园可于萌芽前和坐果后各灌水1次，即可保证花椒的正常生长和结果。如果土壤干燥的话，会导致浅根枯死。

花椒根系对缺氧十分敏感，耐水性很差，短期积水或洪水冲淤导致土壤含水量过高和排水不良，都会严重影响花椒的生长与结果，严重时会导致花椒树死亡。

四、土壤

花椒对土壤适应性强，除黏重土外，在深厚肥沃湿润的中性或微碱性沙壤土中生长良好，在石灰质山地生长尤佳，在微酸性土壤上也能正常生长。

花椒属浅根性树种，根系主要分布在距地面60厘米的土层内，一般土壤厚度80厘米左右即可基本满足花椒的生长结果需求。土层深厚则根系强大，地上部生长健壮，椒果产量高，品质好；相反，土层浅薄，根系分布浅，影响地上部的生长结果，往往形成"小老树"。

花椒根系喜肥好氧。因此，沙壤土和壤土最适宜花椒的生长发育，沙土和极黏重的土壤则不利于花椒的生长，土壤肥沃可满足花椒健壮生长和连年丰产的要求。

土壤在pH 6.5 ～ 8.0的范围内都能栽植花椒，但以pH值为7.0 ～ 7.5的范围内花椒生长结果为最好。花椒喜钙，在石灰岩山地上生长特别好。

五、风

花椒最忌大风，因此山顶风口、高寒阴湿山区不宜栽植。

第三章

种质资源

第一节 ▸▸ 花椒的分类

由于花椒在我国分布广泛，花椒植株的变异时刻在发生，生态类型多，因而我国花椒的种质资源非常丰富，经长期的自然选择和人工选育，已形成60多个栽培品种和类型，生产中可根据品种的来源或皮刺的有无、成熟的早晚进行分类。

一、品种来源

长期以来，我国花椒栽培以国内品种为主，自二十世纪九十年代中叶，日本无刺花椒引入我国后，我国花椒的种类更加多样化。生产中应用的品种根据来源可分为：

1. 国传品种

这类品种在我国种植时间长，为我国主要栽培品种。各地在花椒栽培过程中，形成了许多独具地方特色的优良品种，像黄土高原产区的大红袍、枸椒、五月梅花椒、长把椒、叶里藏，西南产区的竹叶椒、藤椒、九叶青花椒，华北平原产区的豆椒、白沙椒、二花椒等。

2. 国育新品种

由于近年花椒种植、经营效益显著，受到科研部门的高度重视，各地对传统种植品种进行择优培育，选育出了一批抗性强、早果、丰产性好的品种，像甘肃省秦安县从大红袍品种中选育出的秦安一号，短枝性状突出，有矮化效应，可进行密植栽培；甘肃陇南从五月梅花椒中选育出的陇南1号、陇南2号、陇南3号系列品种都具有少刺或无刺的特点，可大幅度提高采摘效率；陕西杨凌从大红袍品种中选育的农城1号，具有早熟无刺的特点；重庆荣昌区从野生竹叶花椒中选育出荣昌无刺花椒，茎、叶柄及叶两面均无毛且刺极少，极大地方便了采摘，大大降低了采摘成本。

3. 国外引入品种

主要是从日本引入的，像朝仓、葡萄山椒、琉璟花椒等无刺花椒，及成花容易且花粉量极大的，适宜作花椒授粉品种的无刺花椒雄株。

二、皮刺的有无

绝大部分花椒叶面和枝干上均着生皮刺，这类品种为有刺品种，像秦安一号、白沙椒、二花椒、大红袍、长把椒、叶里藏等；人们为了管理方便，有意识地对自然界中发生的无刺类型进行培育繁殖，形成了新的无刺品种，像荣昌无刺花椒、陇南无刺花椒、农城1号等。

三、成熟的早晚

花椒品种不同，生长期长短不一样，成熟期也各不相同，像在甘肃有5月成熟的五月梅花椒、6月成熟的大红袍和长把椒、7月成熟的油椒，还有8月份成熟的八月椒等。一般把阳历6月份及以前成熟的花椒品种称为早熟品种，阳历7月份成熟的花椒品种称为中熟品种，阳历8月份及以后成熟的花椒品种称为晚熟品种。

第二节 ▶ 生产中应用的良种简介

一、大红袍

大红袍又叫狮子头、六月椒、疙瘩椒等，为栽培较多、范围较广的优良品种。树体高大，盛果期树高3～5米，树势旺盛（图3-1），生长快，刺大而稀，皮刺基部宽，尖端渐尖。叶片广卵圆形，叶色浓绿，羽状复叶，小叶5～11片。果大，有香气。果穗大，果柄有长、中、短之别，果皮红色，表面有粗大油腺包突出（图3-2），晒后色不变（图3-3）。花期4月下旬至5月上旬，成熟期7月中旬至8月下旬，采摘期约为40天。一般4～5千克鲜果可晒干皮

图3-2 大红袍果穗

图3-1 大红袍花椒丰产状

图3-3 大红袍果粒（干果）

1千克。丰产性强，喜肥抗旱，但不耐水湿不耐严寒，适宜在海拔300～1800米的干旱山区和丘陵区的梯田、台地、坡地和沟谷阶地上栽培，主产山东、河南、山西、陕西、甘肃等省。

二、豆椒

豆椒又叫白椒。果实9月下旬至10月中旬成熟，果柄粗长，果穗松散，果实成熟前由绿色变为绿白色，颗粒大，果皮厚，直径5.5～6.5毫米，鲜果千粒重91克左右（图3-4）。果实成熟时淡红色，晒干后暗红色，椒皮品质中等。一般4～6

图3-4 豆椒结果状

千克鲜果可晒制1千克干椒皮。树势较强，刺基部及顶端均扁平。抗性强，产量高，在黄河流域的甘肃、山西、陕西等省均有栽培。

三、白沙椒

白沙椒别称白里椒、白沙旦等。树势中等，树形开张，一年生枝条褐绿色，多年生枝干灰白色；皮刺稀疏，大小不均匀，大皮刺背面或下面一般有两个小皮刺；奇数羽状复叶，小叶5～9枚，开展，叶色浅绿，蜡质层较薄；果粒中等，果色较浅，淡绿色（图3-5）。果实8月中下旬成熟，成熟时淡红色，果柄较长，果穗松散，果实颗粒大小中等，平均穗粒数40个，鲜果千粒重75克左右，晒干后干椒皮褐红色，麻香味较浓，但色泽较差。

图3-5 白沙椒结果状

一般3.5～4.0千克鲜果可晒1千克干椒皮。果皮上腺点多，但因小且不突出。丰产性和稳产性均强，但因椒皮色泽较差，市场销售不太好，不宜栽培太多，在山东、河北、河南、山西栽培较普遍。

四、二红袍

二红袍又叫油椒、大花椒、二性子等。树势中庸，树体较大，根系发达，枝条分枝角度大，树姿开张；多年生枝干灰色或青灰色，一年生枝干褐色或褐绿色；奇数羽状复叶互生，小叶5～9枚，叶绿色，长卵圆形，叶片大且多，叶表面光滑，腺点小而密，叶片较薄，叶色较浅；结果较早，产量稳定，皮刺较大而稀，果实9月中旬前后成熟，果穗较稀，平均穗粒数50粒，果柄较长较细，果粒较大，千粒重92克（图3-6），出皮率24.92%，干皮千粒重20.44克，种皮薄，产量高，香味浓，质量好。成熟时果皮暗红色且具光泽，表面疣状腺点明显，晒后呈酱红色（图3-7）。一般3.5～4.0千克鲜果可晒1千克干椒皮。丰产、稳产性强，喜肥耐湿，抗逆性强，适宜在海拔1300～1700米的干旱山区、川台区和四旁地栽植，在西北、华北各省栽培较多。

图3-6　二红袍结果状

图3-7　成熟的二红袍

五、小红袍

小红袍又叫小椒、黄金椒、小红椒、小椒子、米椒、马尾椒等。果实8月上中旬成熟，成熟时鲜红色，果柄较短，果穗较紧凑，果实颗粒小，大小不甚整齐，直径4.0～4.5毫米，鲜果千粒重58克左右（图3-8）。果实成熟后果皮易开裂，采收期短。晒干后的果皮红色鲜艳，麻香味浓郁，品质上乘。一般3.0～3.5千克鲜果可晒1千克干椒皮。枝条细软，易下垂，萌芽率和成枝率均高，结果早。由于果实成熟时果皮易开裂，栽植面积不宜太大，以免因不能及时采收造成大量落果，影响产量和品质。本品种在河北、山东、河南、山西、陕西等省都有栽培，以山西的晋东南地区和河北的太行山区栽培较多。

图3-8 小红袍花椒结果状

图3-9 五月梅花椒结果状

六、五月梅花椒

五月梅花椒又叫五月椒、贡椒。树体矮化，树势强，结果早，丰产性强，果穗松散，果柄长（图3-9），果皮干制率高，果实成熟后具有粒大肉厚、油重丹红、芳香浓郁、醇麻适口的特点。农历五月成熟，成熟后开裂形似梅花（图3-10），为甘肃陇

图3-10 成熟的五月梅花椒

南特产。

七、长把椒

长把椒又叫长果柄、六月椒。树势介于大红袍和二红袍之间，成熟期接近大红袍，抗逆性强，果柄长，果实分散，不易采收。

八、叶藏椒

树形、树势与大红袍相似，成熟略晚，果柄短，果实隐藏在叶片之下，外果皮较薄，干制率高，品质略差，采摘较难。

九、秦安一号

秦安一号是大红袍的一个变种，短枝型新品种，于1980年发现，1993年通过品种鉴定。其树势旺盛，树姿直立，萌芽力强，成枝力弱，短枝性状明显（图3-11）。该品种幼树生长健壮，枝条短而粗，枝条分枝角度大；叶片大，正面有一较大突出刺，叶背面有不规则小刺，树体上皮刺大；果穗大、紧凑，平均穗粒数在120粒以上（图3-12），丰产性好，8年生单株产量达4.73千克，果实7月下旬成熟，果肉厚，品质好，具有较强的抗旱、抗冻、抗病能力。

图3-11 秦安一号树体

图3-12 秦安一号结果状

十、九叶青花椒

为落叶灌木或小乔木（青椒为半常绿至常绿灌木或小乔木），高3～7米，果实、果枝、叶子、种子均有香味。树皮黑棕色或绿色，上有许多瘤状突起。奇数羽状复叶，互生，小叶7～11枚，卵状长椭圆形，叶缘具细锯齿，齿缝有透明的油点，叶柄两侧具皮刺（图3-13）。聚伞状圆锥花序顶生，单性或杂性同株。蓇葖果，果皮有疣状突起，熟时红色至紫红色（青椒为绿色）。种子1～2粒，圆形或半圆形，黑色有光泽。

图3-13　重庆九叶青花椒植株（陈善波供图）

十一、藤椒

藤椒也叫竹叶花椒，别称万花针、白总管、竹叶总管等。由于其枝叶披散，延长状若藤蔓，故称藤椒。多年生灌木，或高3～5米的落叶小乔木；茎枝多锐刺，叶面稍粗皱，或为椭圆形，小叶柄甚短或无柄。花序近腋生或同时生于侧枝之顶，果未成熟时绿黄色（图3-14），成熟后鲜红色（图3-15），果面有微凸起少数油点，种子直径3～4毫米，褐黑色。花期4～5月，果期8～10月。

图3-14 藤椒结果状（陈善波供图）　　图3-15 成熟的藤椒

十二、枸椒

树势强，树姿直立，树枝开张角度小，多年生枝干灰褐色，一年生枝褐绿色；皮刺大，基座大，多年生枝干上的皮刺脱落成瘤状；奇数羽状复叶互生，小叶5～9枚，叶片较大、平展浅绿色，蜡质层厚，叶正面光滑，叶背面主脉有小刺，叶面腺点多而大。鲜叶、鲜果均有较浓的异味，又称臭椒。果似大红袍，果穗较紧密，粒较大，平均穗粒数48粒，果柄长4.85毫米，果实平均纵横径分别为5.84毫米和5.51毫米，千粒重87.03克，干皮千粒重21.37克，成熟果实红色偏黄，晒干后暗红色，成熟期9月中下旬，较丰产，喜肥水，不耐瘠薄，品质较差，但抗流胶病能力强。

十三、黄金椒

黄金椒又叫小金椒，树势较强，树姿开张，萌芽力、成枝力强，枝条细软，下垂，极易萌条。多年生枝干灰色或灰绿色，一年生枝多褐色；皮刺多而密集，复叶柄及小叶主脉均有小刺；奇数羽状复叶，互生，小叶8～17枚，叶色浅，黄绿色，叶片小，薄而软；果穗蓬松，果粒较小，果柄长5.20～6.55毫米，果粒平均纵横径分别为5.00毫米和4.10毫米，出皮率26.61%，干皮千粒重20.43克，果色较浅，生长期见光面黄色，背面红色，晒干后颜色浅红，果皮腺点小，多而不突出，果粒不整齐，成熟期不一致，8月上中旬采收。

十四、绵椒

树势中等，根系较发达，冠幅小、紧凑，成枝力弱，易形成光秃枝，皮刺大而稀，叶大，黄绿色，果柄较粗，果粒大小中等，千粒重14.4克，果实成熟期为7月上中旬，果皮浅红色，适宜密植栽培。

十五、南强一号

树形紧凑，枝条粗壮、尖削度稍大，新生枝条棕褐色，多年生枝灰褐色；奇数羽状复叶，小叶9～13枚，叶色深绿，卵长圆形，腺点明显；果柄较长，果穗较松散，平均每穗结实50～80粒，最多可达120粒，果粒中等大小，鲜果浓红色，干制后深红色，鲜果千粒重80～90克。

十六、农城1号

陕西从大红袍品系中选育的新品种，该品种花椒早熟，开花至成熟需112天，株形直立，树冠自然开张，当年生新梢红色，一年生枝紫褐色，多年生枝灰褐色。主干基部有少数皮刺，小枝有散刺，果枝基本无刺，刺略向上生长，长5毫米以下。伞状圆锥花序顶生，4月下旬开花，每果穗结果28～53粒，果柄短，果穗紧密，果面腺点突出，有40～56个，果径4～6毫米。果实8月上旬成熟，成熟果红色至紫红色，气味芳香，鲜果千粒重约75克，成熟果实开裂，采收期较短，晒干后果皮呈浓红色。抗寒性中等，较耐旱，适宜在光照充足、土层深厚、背风坡地或平地栽培，5～7年生树平均单株产干花椒2.66千克。

十七、荣昌无刺花椒

重庆荣昌区从野生竹叶花椒中选育的花椒新品种，该品种茎、叶柄及叶两面均无毛且刺极少，非常有利于采摘。

图3-16　无刺花椒枝干

十八、陇南无刺椒

是陇南于2004～2009年从五月梅花椒中选育出的无刺优良无性系。该系列枝干无刺（图3-16），树体矮化，树势强壮，果实成熟早（在陇南5月下旬成熟），坐果率高，丰产性强，果皮制干率高，果实成熟后具有粒大肉厚、醇麻适口的特点，品质极佳。

十九、朝仓

日本无刺花椒品种，树姿直立，乔化树种，树形高大，生长旺盛。枝条密集，呈抱头状生长，新梢上部绿色，下部棕色；叶片长宽平均值分别为20.66毫米、9.62毫米，叶缘为锯齿状，向内卷曲，小叶数多为11～15枚；果实圆形，平均横纵径分别为4.46毫米和4.85毫米，脐部有一突起，果皮鲜红色。植株光滑无刺，果实出皮率21.89%，萌芽力和成枝力均强，定植后三年开始结果，果实9月下旬成熟。

二十、葡萄山椒

日本品种，枝条较开张，生长快，枝条细，萌芽力中等，成枝力强，生长势较弱，有少量皮刺，皮孔多而密，新梢上部绿色，下部棕色；叶片长宽均值分别为24.66毫米和12.28毫米，叶缘为锯齿状，向内卷曲，小叶数多为9～17枚；果实颗粒多，果实较大，果实纵横径均值分别为6.45毫米和5.07毫米，鲜果千粒重93.07克，脐部有一小突起，有残留花柱，果皮鲜红色，椒皮千粒重17～23克，出皮率20.89%；早花早果性强，定植第二年即可开花结果，成花株率26%，且坐果率高，丰产性强。

二十一、琉璟花椒

日本品种，枝条较开张，生长势较强，新梢上部绿色，下部为棕色，皮孔多而密；叶片长宽均值分别为21.27毫米和10.17毫米，叶缘为锯齿状，叶片平整，小叶数多为9～15枚，树皮光滑无刺。果实较大，圆形，纵横径均值分别为5.94毫米和5.01毫米，脐部有一小突起，有残留花柱，果皮鲜红色，果实成熟期在8月中下旬。早花早果性特别强，坐果率高，结实力强，易丰产稳产。

二十二、无刺花椒雄株

日本品种，为开花花椒，树势强，枝条粗壮，萌芽率和成枝力较强，叶片长宽均值分别为25.67毫米和17.26毫米，叶缘为锯齿状，向内卷曲，小叶多为13～15枚，成花容易且花粉量极大，是比较理想的授粉品种。

第三节　花椒生产中品种选择注意事项

一、适地栽植

花椒品种不同，起源地不一样，性状存在较大的差异，在适应性和病虫的发生等方面也是有差异的。任何品种都有适宜栽培区，只有种植在理想的环境中，其优良性状才能充分表现出来，才有利于生产效益的提高。如果越界种植，有时会给生产造成较大的损失，如早在1994年日本山椒被引入我国深圳、四川、河南、河北等地栽培，因成活率低、无法满足生产需要而导致引种失败。我国南方的花椒品种引入北方后，大多越冬抽条现象严重，而我国北方品种引入南方后，流胶病和根腐病发生的概率较高。因而一定要做到适地栽植。

二、对栽植品种的特性应充分了解

花椒品种不同，其适应性也是不一样的。在栽植之前，对准备发展品种的特性要作详细了解，看该品种是不是适应当地的气候、土壤等环境，其有何优缺点等。在栽培的过程中扬长避短，落实管理措施，提高管理效果。如日本花椒品种大多雌雄异株，如果生产中都种植了雄株或栽植雄株比例过高，会严重影响产量的提高；原产于我国西南地区的九叶青花椒、藤椒普遍果小，产量低；原产于我国北方的豆椒、枸椒、八月椒等品种根系抗性强，病虫害少，寿命长，花芽开花迟，能避开倒春寒；而新培育的农城1号、秦安一号等品种在抗性和丰产性方面较大红袍都有所提高。

三、考虑种植方式

由于花椒成花容易，进入结果期早，目前生产中主要有过渡性密植、一次性栽植建园及房前屋后、村庄院落零星种植三种方式。过渡性密植虽然建园成本较高，但有利于快速提高光合面积，对于提高前期产量是非常有益的，只是密植栽培情况下，树体的生长受到限制，单株结果较少，树体寿命较短；而一次性栽植建园虽然建园费用较低，但由于前期光合面积小，产量上升缓慢，不利于早受益，但从长远看，稀植情况下，树体能充分生长，进入大量结果期后，结的果多，树体寿命长。生产中应根据不同的种植方式选择种植品种，过渡性密植栽培时要注意选择树形紧凑、树姿较直立、短枝性状明显的品种；一次性栽植建园要注意选择树姿较开张、萌芽率高、成枝力强的品种种植，以促使尽快增加叶面积，提高产量；零星栽植时由于通透条件很好，应注意选择树冠高大、萌芽率高、成枝力强的品种，以充分发挥单株的产能，提高产量。

四、根据立地条件选择种植品种

一般在土层深厚、土壤肥沃的背风坡地或平地栽培时，应选择萌芽率高、成枝力弱、树姿开张的品种种植，以防止树冠郁闭。在立地条件差的地方则应选择株形直立，树冠自然开张，长势较旺，萌芽率高，成枝力强的品种种植，以有效防止树势早衰现象的出现。

五、栽培良种

根据花椒生产实际，花椒良种应具备易采摘、进入结果期早、丰产性好、品质优良、抗性强的特点。通常要求所种植的品种茎、干、枝等部位皮刺较少或无（图3-17），在种植后的第二年开始试果，第三年有一定产量，第五年进入大量结果期，果实麻味醇正，抗旱、抗寒、抗病虫能力强。生产中可按此要求选择栽植品种。

六、引种日本无刺花椒注意事项

自二十世纪九十年代中叶，日本无刺花椒引入我国后，由于植株没有皮刺，采

图3-17 无刺花椒幼树结果状

摘方便，较省工，可大幅度降低管理成本，因而受到业界和生产者广泛关注。但由于日本无刺花椒属于外来物种，在我国应用过程中出现了一系列的问题，在生产中应加以注意，以减少损失。

（1）成活率低 日本无刺花椒被引入我国后，多地栽培表现成活率低，存在明显的水土不服现象。日本为海洋性气候，环境温暖潮湿，非常有利于本品种花椒生长，而我国绝大部分花椒产区为大陆性气候，环境干燥寒冷，两者环境相差悬殊，因而直接从日本引入的花椒植株，栽植后成活率低或不能成活。

（2）抗寒性差 自从1994年日本花椒被引入我国试栽以来，我国各花椒生产区均在进行适应性试验，多年的试验结果表明，日本花椒的抗寒性明显低于我国本土花椒，一般我国本土花椒新栽植幼树能耐−18℃以上的低温，大树在绝对低温高于−25℃的地方可安全越冬，而日本花椒在−15℃的情况下新植幼树就会受冻，大树在绝对低温−23℃的地方就有受冻的可能，因而要引进日本无刺花椒，应充分考虑其抗寒性。

（3）需配置授粉树 日本花椒雌雄异株，这是和我国花椒完全不一样的。我国目前引入栽培的日本无刺花椒主要以朝仓、葡萄山椒、琉璃花椒为主，它们均有早花早果性强、坐果率高、结果能力强、易丰产稳产的特性。但这三种花椒是雌雄异株，有结果的雌株和只开花不结果的雄株之分，生产中要充分了解这一特性，在栽培中要配置充足的授粉品种，加强辅助授粉，以提高坐果率，促进产量提高。日本无刺花椒生产中通常选用无刺花椒雄株作授粉树，该品种雄株树势强，枝条粗壮，成花容易，花粉量大，是非常理想的授粉品种。通常授粉树的栽植量应占栽植总量的20%左右，在田间穿插种植，以提高授粉效果。

（4）病虫危害严重 日本花椒在我国栽培过程中，除国内花椒生产中常发生的病虫危害外，还易发生果实青枯现象，应引起高度重视。这种病害主要出现在夏季过于干燥、少雨的地区。在果实生长期间，果柄处突然产生离层，导致果穗迅速干枯死亡。这是日本花椒在我国发生的特有病害。通常6～8月份气温高，空气干燥，土壤含水量低时发生较严重，因而在6～8月份如果长时间不降雨，应设法补水，以减轻该病的发生。

第四节 ▶▶ 高接换优

花椒生产中流胶病（黑胫病）发生较普遍，采用嫁接栽培可有效地抑制该病害的发生，对延长花椒树寿命，提高花椒产量均有很好的促进作用。其技术要点如下：

一、接穗选择

接穗应采自丰产性好、果穗大、树势强壮、健康无病虫危害的6～8年生优质大红袍或五月椒、无刺花椒母树，采集一年生木质化程度较高、枝条粗壮、芽饱满的枝条作接穗，最好随采随用。接穗采好后要立即剪去叶片，留下0.5厘米长叶柄。如采穗后不能马上嫁接，可将100个穗条捆为一捆，用湿毛巾包裹，避免水分蒸发，当日用不完的应放在阴凉处用湿沙保存。

二、砧木选择

选择对黑胫病抗性强、生长健壮、无病虫危害的豆椒、枸椒、长把椒、二红椒、八月椒等作砧木。嫁接树龄以2～5年生的幼树较适宜。嫁接前5～7天需浇一次水，提高木质部和形成层的活性，促使嫁接后伤口迅速愈合，提高成活率。

三、嫁接方法

主要有嵌芽接和插皮接、切接三种嫁接方法。

1. 嵌芽接

嵌芽接法在砧木、接穗均难已离皮时进行，是花椒高接换优最好的方法，具有操作简便、切口面小、接合缝严实、疤痕小、愈合快、新梢生长迅速等优点。

花椒高接换优一般在树液开始流动，生理活动旺盛时进行，这样有利于接口愈合，其中最理想的时期是在惊蛰至芒种期间。

嫁接时砧木剪留30～40厘米，上部剪除，剪口要平滑，并用蜡封口。在嫁接的部位去皮刺，选择光滑处，刀口倾斜，自上而下，由浅到深，可带或不带木质部，长约12～18毫米。再在第一刀下部1/3～1/2处横切一刀，深达木质部，刀口倾斜，形成45°角，取皮。

接穗自芽上5～6毫米处自上而下，由浅入深下削，稍带或不带木质部，削至芽下6～9毫米处横切一刀，深达木质部，刀口倾斜，形成45°角（图3-18）。

用手拿下削好的芽片（含叶柄），将接芽自上而下迅速嵌入砧木切口内，芽下端抵紧砧木横切韧皮部，两者削面完全对准贴紧，使形成层对齐，然后用塑料薄膜带从下而上捆紧，叶柄和芽外露（图3-19）。

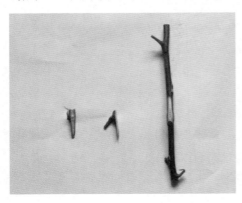

图3-18　嵌芽接取芽片

图3-19　嵌芽接换头成活后发芽情况

2. 插皮接

插皮接又叫皮下接，需在砧木萌动离皮的情况下进行，在砧木断面皮层与木质部之间插入接穗，视断面面积的大小，可插入多个接穗。一般在3月下旬至4月中旬花椒树萌动展叶时进行，高接过早，气温较低，砧木不易离皮，愈伤组织产生慢，嫁接成活率低；高接过晚，砧木展叶和新梢生长消耗树体营养多，嫁接成活后新梢生长量小，并且因气温高，接穗容易萌发，贮藏困难。

嫁接时，选择生长健壮、无病虫害的八月椒作为砧木，嫁接前按原树冠的从属关系在枝平滑无疤处锯好接头。幼龄树在距地面30～40厘米处直接锯断主干，结果大树则要多头高接。多头高接时，锯口应距原枝基部15～25厘米，断面直径在3厘米以下为佳，砧木过粗，不利于接口断面愈合，易形成疤，也会给病虫害留下从伤口侵入的机会。要随锯随接，尽量减少接口在空气中暴露的时间。

去掉接口下10厘米范围内的皮刺，用利刀削平砧木断面，露出新茬，并根据断面大小和树皮平滑程度确定插穗点，在每个插穗点横削一个宽1～2厘米的月牙状斜面，在其边缘皮层上沿插穗点向下纵划一刀，深达木质部，长约3厘米，用刀尖将皮两边轻轻挑开。

削接穗。将接穗下端削一个长约5厘米的马耳形削面，削面要平滑，尖端的皮层不松动，紧贴在木质部上。在削面背末端两侧各削一刀，使接穗下端呈箭头状，并轻轻削去两侧的蜡层及少许皮层。

嫁接。一手持接穗，一手用拇指和食指按住砧木切口皮层，接穗削面朝木质部，尖端对正切口，徐徐插入，使接口树皮不致撑裂，上端露白0.3～0.5厘米。

绑扎。用塑料薄膜包严砧木断面和接口，再用塑料条或塑料绳绑紧即可。若接穗芽已膨大或嫁接前接穗没有封蜡，可用3～5厘米宽的地膜（厚0.008毫米）条将接穗从顶端开始缠绕到砧木削面处，但到接芽处要露出芽眼，以利于接芽萌发。

插皮接换头后成活情况见图3-20。

图3-20　插皮接换头后成活情况

3. 切接

依据砧木树实际情况选定嫁接枝条，剪断砧木枝条，在砧木断面一侧垂直切一刀，长约4厘米；在接穗下部削一个长近4厘米的长削面，背面再削一个半厘米的短削面；然后，将接穗长削面向里，插入砧木切口中，对齐形成层；最后用塑料条扎紧。

4. 接后管理

（1）检查成活率　嫁接后7～10天，观察接芽是否成活，如果发现芽饱满，叶柄自动脱落或者用手轻轻一碰叶柄脱落，证明此芽已成活；如果发现叶柄发黄干枯而死，证明此芽没有成活。此时应迅速采取补接措施，补接方法与前面嫁接方法相同。

（2）除萌　嫁接后及时抹除砧木抽发的萌芽，以减少养分消耗，保证养分集中用在接后新梢生长上。

（3）解绑　嫁接的接芽或接穗成活萌发时，即可解除薄膜带，晚秋嫁接的，要到次年发芽后方可解除。解绑一定要适时，过早接口长不好，过晚接口结合处因绑扎时间过长而出现缢痕。

（4）病虫害防治　高接新梢易被蚜虫危害，生产中要注意观察，发现病虫害要及时防治，当田间发生蚜虫时可用10%吡虫啉3000倍液喷防，7～10天一次，连续3次，确保新梢旺盛生长。

（5）立支柱　嵌芽接可将接芽新梢绑在砧木上，插皮接和切接的需另立支柱，可用长1.5米的竹竿或木棍，插在土壤中并与砧木绑在一起，再将新梢轻轻捆绑在支柱上，防止风吹折断。

（6）剪砧　嵌芽接在冬剪时从接芽上方剪除砧木。

（7）摘心　当嫁接新梢长到50～80厘米时摘心，促生侧枝，加速嫁接新梢木质化。

第四章

苗木繁育

选平坦地方建立苗圃（图4-1）。花椒既可采用播种繁殖，也可采用嫁接、扦插和分株繁殖。

图4-1　花椒苗圃

第一节 ▶▶ 播种繁殖

一、种子选择

花椒以播种育苗为主。一般在7～9月份，果实外皮呈紫红色，内种皮变为蓝黑色时采收花椒。采种时应选择树势强壮、结实多、品质优的中龄树，最好选10年生以上生长健壮、结果早、产量高、品质优良的植株作为采种母树。选成熟充分，果实外皮紫红，种子外皮黑色、饱满，无病虫害的果实作种用，采后的花椒放在干燥的室内阴干，种子忌暴晒，以免丧失发芽力，阴干的种子可秋播，也可春播。

二、种子处理

秋播的种子应进行脱脂处理，把种子放在碱水中浸泡，10千克种子用水10千克加碱面0.3千克或加0.1千克洗衣粉浸泡2天，反复搓洗种子表面的油脂，直到种子表皮呈灰白色为止，捞出种子，用清水冲洗干净种皮上的碱液，拌入草木灰后即可播种。

花椒种子在干燥环境中极易失去生命力，春播的种子要进行沙藏处理，沙藏时间以50天左右为宜。将种子与3倍湿沙混合后，选排水良好的温暖地方，挖1米宽、40～50厘米深的沟，将种子放入，堆10～15厘米厚，再覆土10～15厘米，浇水渗透，上盖湿土，在土壤解冻后及早播种。

另外，也可用开水烫种的方法进行催芽，将1份种子倒入2份沸水中，搅拌2～3分钟，之后每日温开水浸泡，待少数种皮裂开后，捞出放温暖处，1～2天后即可播种。

三、整地施肥播种

花椒育苗床应选择土层深厚、肥沃、排水良好的沙壤土，播种前深翻整地，施入基肥，整平作床。结合整地，每亩用充分腐熟的农家肥2000千克，尿素10千克左右，磷酸二铵10千克左右，硫酸钾10千克左右作底肥，将肥料均匀撒施地表，耕翻，做长10米左右、宽1～1.2米的畦，然后按20厘米的行距开深4～5厘米的沟，将种子均匀撒入沟内，覆土0.5厘米并覆沙2厘米，播种过深，幼苗不易出土，播种过浅则不易发芽。播种后要保持土壤湿润，如土壤过于干燥就会影响种子发芽率和幼苗生长，一般应将土壤相对湿度保持在70%左右。每亩播种5～6千克左右。

四、幼苗管理

当幼苗3～4厘米高，有3～4片真叶时进行间苗；当苗高5厘米左右时定苗，每平方米留苗30～45株。

及时中耕除草，保证椒苗健壮生长。花椒幼苗生长较弱，极易出现草荒现象，导致杂草与花椒苗争肥争水争空间，影响花椒苗生长，生产中要加强除草管理，以便集中营养和水分供给，保证椒苗生长，培育壮苗。

适时叶面喷肥，补充营养。花椒幼苗期，植株生长量小，需养量有限，在生产中可通过叶面喷肥，补充营养。一般在幼苗生长过程中，可结合防病虫喷0.3%的尿素或400倍液的光合微肥、400～500倍液的氨基酸钙等进行营养补充，促进幼苗健壮生长。

第二节 ▶ 嫁接繁殖

采用播种繁殖时，容易出现退化现象，品种的优良性状不易保存，而采用嫁接繁殖，可很好地保持品种的优良性状，充分利用砧木的抗性，提高植株抵御不良环境的能力，促进产能提高。

一、嫁接繁殖的种类

目前花椒嫁接繁殖应用的方法主要以嵌芽接和切接为主。

二、嫁接繁殖的具体方法

1. 嵌芽接

在6～8月将砧木在离地面6～8厘米高处的周围皮刺除去；

在接芽的上方3厘米左右下刀，斜向下削，通过芽点，然后在芽下45°角斜削一刀，成楔形芽片；在砧木处理好的嫁接区，选光滑的一面，斜向下削一刀，上浅下深，长约4厘米，略带木质部，最后再在下部呈45°角斜削一刀，取下削片；迅速取下削好的芽片，嵌入砧木接口，对齐形成层；最后用塑料条自下向上留芽扎紧。一般在砧木地径达0.4～1厘米，气温在20～30℃时，嫁接成活率高。接穗要从新枝上摘取，嫁接之前要保湿保存，防止接穗枯萎，影响成活。

图4-2　切接流程图

2. 切接

在离地面5～7厘米处剪断砧木，在砧木断面一侧垂直切一刀，长约4厘米；在接穗下部削一个长近4厘米的长削面，背面再削一个半厘米的短削面；然后，将接穗长削面向里，插入砧木切口中，对齐形成层；最后用塑料条扎紧（图4-2）。接后40～50天幼苗可长到30厘米左右（图4-3）。

图4-3　切接后成活的植株

第三节 ▶▶ 扦插繁殖

在5年生以下已结果的花椒树上，选取1年生枝条作插穗。插穗可用500毫克/升的吲哚乙酸浸泡30分钟，或500毫克/升的萘乙酸浸泡2小时，也可采用温床催根的方法。经处理的插穗，生根成苗率高。

第四节 ▶▶ 分株繁殖

春季花椒发芽前，将1～2年生分蘖苗的基部进行环剥，埋于土内，让剥口处长出新根，经1个生长季后，将分蘖苗与母株分开，即可用于栽植。另一种做法是将分蘖苗基部用锋利的小刀破削2/3后培土生根。分蘖苗切离母株后，如根系长得好，即可直接移栽，如根系长得不好，可假植于苗圃中，待其新根发多后再移栽。

第五章

建园

一、园址选择

花椒喜温喜光、耐干旱、怕涝、忌风，对土壤适应性强，花椒植株较小，根系分布浅，适应性强，可充分利用荒山、荒地、路旁、地边、房前屋后等空闲土地栽植花椒。从有利于丰产的角度出发，花椒应注意适地栽植，为高效生产打好基础。一般在年平均温度为10 ~ 15℃，0℃以上有效积温达到1400℃以上，年日照时间不少于8000小时，生长期日照时间不少于1000小时，无霜期不少于180天，年降雨量500毫米左右的地方为花椒适栽区，在适栽区应选择光照充足，土层深厚，土质肥沃、湿润的沙壤土建园，以利于高产。在风口、地势低洼易涝处和黏重土壤上不宜栽植，也要避免在阴坡、高寒、荫蔽潮湿的地方栽植。

二、壮苗建园

苗木质量对栽后成活率影响较大，直接决定园貌的整齐度，进而影响产量，因而在生产中一定要选择壮苗建园（图5-1），所

图5-1 花椒壮苗

选苗木应符合国家一级苗或二级苗的标准。标准具体要求：一级苗高度应在80～120厘米之间，地径粗度在0.8～1.2厘米之间，根系足够发达，主根长28厘米以上，有3条以上长度在15厘米以上的侧根，顶芽饱满，无病虫害和机械损伤；二级苗苗高在60～100厘米之间，地径粗0.6～1.0厘米，主根长25厘米以上，有3条以上长度在10厘米以上的侧根，顶芽饱满，无病虫害和机械损伤。

三、提高成活率的措施

花椒栽植之所以成活率低，主要是因为花椒根系离开土壤后成活时间短，在空气中极易枯死。缩短根系在空气中暴露的时间，就可提高成活率。据此，陇东群众总结出了"大坑、大肥、大水、快移栽、多带土"的定植方法，从而大幅度提高了定植成活率。通常采用80厘米×80厘米的正方形定植穴，每穴施充分腐熟的有机肥30千克，栽后每穴浇水25千克，一般采用边起苗边定植的方法以提高成活率，如果远距离运输，根系要多带土，少伤根，以利于缓苗，促进成活。

山西省采用"平埋压苗"栽植法，挖长30～50厘米（视苗大小而定）、宽15～20厘米、深20～40厘米的栽植坑，把苗木下部约2/3的部分顺坑长方向水平埋在坑底，使根系舒展，苗梢沿坑壁直立，露出地面3～4片芽叶，填土踏实，使苗木在坑内呈"L"形，这样可有效减少苗木水分蒸发损失，促进成活，而且利用这种方法栽植，根系发达，进入结果期早。

除注意栽植方法外，在栽植以前补水也有利于提高成活率，特别是外地调运来的苗木，由于在运输过程中苗木失水是不可避免的，因而在栽植前将苗木根系放在清水中浸泡，让苗木补充水分，对提高成活率是非常有益的。当然，如果能在清水中加入生根粉或绿色植物生长调节剂，效果更好，一般在栽植前用50～100毫克/千克的ABT生根粉2号溶液浸根2～3小时或用50～100毫克/千克的绿色植物生长调节剂GGR6号溶液浸根5～6小时，均可大幅度提高成活率。

四、适期栽植

花椒苗可秋栽也可春栽，各地应根据当地的实际情况选择栽培时间。

1. 秋栽

在落叶后到土壤封冻前均可进行，以在冬季不太寒冷，冬春季空气潮湿的地方应用为主，在冬春季风大、寒冷的地区栽植时，栽后应及时截干，在距离地面20厘米左右处将枝梢剪断，然后埋高30厘米左右的土堆，以保证椒苗安全越冬，防止受冻抽干现象的发生。第二年3月下旬到4月初扒土放苗。

2. 春栽

春季栽植在土壤解冻后到发芽前进行，一般在临近发芽期栽植成活率高。栽早了，地温低，不利于新根产生和下扎，而地上部蒸腾作用会导致植株水分散失，影响成活；栽植过晚，如展叶后栽植，树体蒸腾作用旺盛，新栽幼树吸收能力弱，也会出现水分缺失现象，导致成活率低或不能成活。

五、合理密植

花椒栽植时，要综合考虑种植地的立地条件、种植方式和品种特性等因素，以确定种植密度。一般川塬地地形较规则，可按标准的株行距栽植，而山地地形多变，多不规则，宽窄不一，可根据实际情况，灵活掌握。通常川塬地土层深厚，土质肥沃，花椒栽上后，树体生长较大，栽植宜稀；而山台地相对土壤瘠薄，土壤水分蒸发量大，水分含量低，植株的生长受到限制，椒树栽上后，树体较小，栽植可适当密一些。为方便作业，保持园内有良好的通透性，行距应保持在4米以上，在山地宽度小于4米的情况下，只栽1行即可，当宽度大于4米时，可栽植2行。可等行距栽植，也可品字形栽植，株距应按栽培方式具体确定。

计划密植栽培的，为了提高前期土地的利用率，可采用先栽密，进入结果期后，逐渐挖稀的方法，每亩栽植数量可在110株左右。而一次性栽植后不再准备间伐的，山地每亩可栽植45 ～ 54株，川塬地每亩栽植33株即可。

在同样立地条件下，树姿直立的品种可适当密植，树姿开张的品种要稀植。

六、栽后管理

加强栽后管理是提高椒苗成活率和保存率的关键，应重点抓好以下措施的落实：

1. 保墒

花椒苗栽植后，土壤水分含量对成活率影响较大，在土壤干燥的情况下，苗木生长所需的水分没有保障，成活率较低，因而在栽植后，有条件的要及时浇水，一方面保证根土密接，另一方面保持土壤湿润，以促进成活。没有浇水条件的地方，在栽植后要踏实土壤，然后对栽植树盘及时用地膜进行覆盖，抑制土壤水分的蒸发散失，提高天然降水的利用率，以提高成活率。

2. 除草

杂草生长对椒苗生长影响较大，生产中应及时除草，以保证有限的水分和养分供给椒苗生长，提高成活率，保证植株健壮生长。要坚持除早、除小、除了的原则，避免草荒现象的出现。

3. 加强越冬保护

在寒冷地区，冬季可将玉米秸秆纵向划破，套于花椒植株上，以保证树体安全越冬。在相对温暖的地方，可将生石灰、食盐、硫黄、食用油、水按5：2：0.5：0.1：20的比例配制成涂白剂，涂刷树体，进行树体保护，以利于安全越冬。

第六章

土壤管理

　　土壤是花椒树体生长的载体，土壤状况直接影响花椒的长势，进而影响产量，因而在生产中要强化土壤管理，创造适宜花椒生长的根际环境，以促进花椒树体健壮生长，提高其结实能力，提高生产效益。

第一节 ▶▶ 栽前微区改土

　　花椒为浅根性作物，土壤疏松，可减少根系生长的阻力，有利于形成强大的根群，提高植株吸收能力，保持树体旺盛生长，提高结实能力。因而在栽植前一定要进行微区改土，根据栽植地的立地条件，平地建立椒园时，全园深翻30～50厘米，或栽植点挖成1米×1米的大坑；山坡栽植时，可按等高线修成水平梯田或反坡梯田；在地埂、地边等处栽椒时，可挖成直径60厘米或80厘米的大坑，以有效地疏松栽植地的土壤。

第二节 ▸▸ 栽后环状扩穴深翻

一、扩穴深翻的方法

在花椒栽植后3～5年内，每年以树干为中心，向外扩穴深翻50～100厘米，翻深50厘米左右，3～5年将全园翻透，不留夹层，以形成良好的根际土壤条件，保证植株健壮生长。特别是山地椒园生产中对此项工作应高度重视，通过深翻，增加土壤疏松程度，以提高土壤蓄水保墒能力，减少水土流失。

二、扩穴深翻时的注意事项

（1）每年在树冠外围进行，尽量少伤根系，同时注意将土壤翻透，不留夹层。

（2）深翻时应结合秋季施基肥，以减少用工量，降低生产成本。

（3）深翻时应进行局部土壤改良，尽可能用表土填埋，心土摊平以加速熟化。

（4）深翻后填埋时，最好能在沟内填埋杂草、作物秸秆等以增加土壤有机质含量。

（5）每年扩穴深翻部分要及时覆盖，留作营养带，不再间作。除营养带外可间作，在间作物收获后，用微型旋耕机对种植过间作物的土壤旋耕，疏松土壤、保墒、灭草。

第三节 ▸▸ 幼树期间作

一、花椒园间作注意事项

花椒种植的前3～4年，植株较小，田间覆盖率低，光能利用率低，田间有较大的空当，可用来种植间作物，以增加收入。但在土壤管理上要围绕花椒树，以保证树体健壮生长为前提，最关键的是应保证根系能最大限度地从土壤中吸收水分和矿物质，满足生长需要。因而在生产中应注意：一要留足营养带，种植当年以树干为中心，应留至少1米宽的营养带，第二年留1.5米宽的营养带，第三年留2米宽的营养带；二要减少营养带内杂草，促进水分和矿物质集中供给花椒树生长，因而生产中对行间应采取多次中耕的方法，减少杂草生长，特别是在山旱地更应注意此项工作的开展。

二、花椒园间作时应遵循的原则

花椒园间作时应遵循以下原则：一是对花椒树生长影响较小的原则；二是间作物大量需肥需水期与花椒树相错开的原则；三是间作物与花椒树没有共同病虫害的原则；四是间作物本身具有较高经济价值的原则；五是间作物的种植对花椒树生长具有一定促进作用的原则。

三、花椒园间作的模式

按照以上原则，花椒园中最理想的间作物主要有以下几种：

（1）花椒园间作瓜类 瓜类种植密度较小，种植时施肥量较大，生长期短，对花椒树的生长影响较小，生产效益较高，是幼龄花椒园最理想的间作物。

（2）花椒园间作马铃薯（图6-1）、大葱等作物 此类型作物种植施肥量大，田间中耕次数多，有利于活化土壤，生产效益也不错，在花椒园间作是较理想的。

（3）花椒园间作豆类作物 豆类作物低秆矮冠，在

图6-1 花椒园间作马铃薯

图6-2 花椒园间作黄豆

图6-3 花椒园生草

图6-4 花椒园育苗

幼龄花椒园间种（图6-2），对树体生长影响较小，同时豆类根部有根瘤菌，根瘤菌具有固氮作用，种植豆类可培肥土壤，对花椒树生长非常有益。

（4）花椒园内生草 利用行间生草（图6-3），生长季割后覆盖树盘，保墒增肥，是山地果园解决肥料短缺的有效途径之一。

（5）利用花椒园行间育苗 利用行间培育花椒苗木（图6-4），是陇南花椒产区提高土地利用率，增加花椒园收入的重要途径之一。

在花椒园间作时，最好不要种植高秆作物及对土壤养分、水分消耗量大的作物，像高粱、玉米等高秆作物种进花椒园后，会导致花椒树虚旺生长，所发枝条细长、不壮实，成花结果能力差；幼龄椒园间作小麦、胡麻等作物时，由于间作物群体量大，对土壤水分、养分消耗量大，对花椒树生长非常不利，种植以上作物，容易出现小老树。因而幼龄花椒园间作时种植物的合理选择至关重要。

花椒园间作应以行间为主，树盘内严禁种植间作物，以保证花椒树生长结果的顺利进行。

第四节 ▶ 增加土壤有机质含量

增加土壤有机质含量，培肥地力，是土壤改良的最终目标。土壤有机质是以腐殖质为主的特殊有机物质，其中包括胡敏酸等复杂的高分子化合物，胡敏酸与土壤颗粒结合在一起，并形成胶膜包被的土粒，使分散的土粒互相结合起来，形成"团粒结构"。"团粒结构"的形成使土壤空隙适当，是优化土壤结构的重要标志。土壤中腐殖质的容水量相当于自重的500～1000倍，因此腐殖质增加可大大增强土壤的保水保肥力。腐殖质还是植物所需氮、磷、钾、钙、硫、铁、镁等元素的供给源，有机质是微生物不可缺少的能源，因而增加有机质是椒园土壤管理中的一项重要任务。

一般土壤有机质含量高，则土壤蓄水性好，供肥能力强，花椒树体健壮，有利于提高结实能力，促进产量提高，提升花椒品质。花椒生产中增加土壤有机质含量的途径主要有两条，一是施用农家肥料或工厂化生产的有机肥，补充土壤中的有机质；二是实行覆草栽培，一般椒园内覆草后，可有效地阻止土壤水分的蒸发损失，提高天然降水的利用率，同时草类腐烂后，可增加土壤有机质含量，提高土壤肥力，对提高花椒果实品质和产量非常有益。覆盖时应据草量的多少确定覆盖的方式，草量少时仅覆盖树盘或果带，草量多时可全园覆盖，覆草厚度可据草量多少灵活掌握，5～15厘米均可，覆盖越厚，效果越明显。花椒园覆草，一年四季均可进行，最好在雨季进行。一般覆盖后经2～3年风吹日晒雨淋，草可腐烂，可翻埋地里，之后再次用草覆盖。根据生产实践证明，整草覆盖，有利于减轻果园用工量，延长覆盖时间，提高覆盖效果。

第五节 ▶ 除草

　　花椒不耐草荒，由于花椒根系分布较浅，在田间生长杂草的情况下，杂草易与花椒树争肥争水争空间，影响花椒树的生长。因而山旱地花椒生产多以清耕为主，要及时清除杂草，减少土壤养分和水分的损失，以便集中供给花椒树体生长，培育健壮树势，提高结实能力。

一、花椒生产中除草的原则

　　花椒生产中除草应本着除早、除小、除了的原则，尽可能将杂草的危害减到最小，以保证土壤水分、养分尽可能地用于花椒树生产，提高产量。

二、花椒生产中除草的方法

　　应以人工除草为主，辅以化学除草，以提高防除效果。

　　（1）人工除草　在春夏秋季雨后，及时进行中耕，结合中耕铲除杂草，控制危害。

　　（2）化学除草　为了提高除草效果，减少除草用工量，生产中可普及化学除草法，在应用化学除草法时，应注意以下事项：

　　① 适期喷用除草剂：杂草种子萌芽期，对药剂敏感，喷用除草剂杀伤效果好；在6月下旬至7月上旬，随着降雨增多，田间湿度增高，杂草进入旺盛生长期，可根据田间杂草生长情况，再次喷药控制。

　　② 适量用药：喷用除草剂时，用药量要综合考虑气候、草种、杂草的生长情况等因素，一般气温高时，用药量宜小；气温低时用药量宜大。杂草高大时，用药量可大些；杂草较小时，用药量可小些。

③ 除草剂使用方法要适当：目前生产中除草剂主要有两种用法，一是喷施茎叶，通过触杀或渗入植物体内杀死杂草；二是将除草剂喷施、浇泼在土壤上或拌成毒土撒施在土壤上，杀死杂草。生产中可根据实际情况，选用不同除草方法。一般前者应用于杂草出苗后，后者多应用于出苗前。

④ 喷用方法要正确：由于多数除草剂对花椒枝叶有杀伤作用，在喷用时可在喷头上安装塑料碗状罩子，注意喷头朝下，控制药物扩散，防止对花椒树体造成药害。

⑤ 合理选用除草剂：目前市场上销售的除草剂种类较多，在应用时要根据当地花椒园中的杂草情况，合理选择除草剂，以提高杀伤效果。一般高效氟吡甲禾灵（除草通）、氟乐灵、茅草枯、乙草胺以杀禾本科杂草为主；乙氧氟草醚（果尔）只能除芽前或苗后的早期杂草，无法控制大龄杂草；西玛津对一年生浅根性杂草防除效果好；草铵磷对多种杂草有杀伤作用；草甘膦对深根性杂草防除作用明显。

⑥ 提高防治效果：在喷用除草剂时，为了增强药物的黏着性，可在药液中加入一定量的洗衣粉，可明显提高杀伤作用；由于每种除草剂的杀草范围是有限的，生产中应注意不同类型除草剂要交替应用、混合应用，以提高控制效果。

第六节 ▶ 陡坡地治理

陡坡地水土流失严重，生产中存在严重的跑肥跑水跑土现象，在建园前应进行机推治理，可将地整成外高内低的梯田，增强保肥保水能力，减少天然降水的流失，增加天然降水的利用率。坡度太大，治理难度大的坡地，可采用挖鱼鳞坑的方法栽植，以有效拦截雨水，控制水土流失。

第七章

肥料管理

一、花椒是相对需肥量少的作物

与其它果树作物相比较，花椒年产量较低，生长结果对土壤养分消耗较少，是相对需肥量少的树种，因而具有耐粗放管理的特点。

二、不同营养元素对花椒树的作用不同

不同的营养元素在花椒生长结果过程中所起的作用是不一样的，其中氮肥中的氮是构成蛋白质的主要物质，也是叶绿素的主要组成成分。氮素能促进果树的营养生长，提高光合作用效率，增强结果枝活力和延长枝的寿命。氮素充足，树壮，叶大、浓绿色，光合效能高，能提高各器官的功能。氮素不足，枝细弱、叶小且呈淡绿或黄色，树体衰弱，产量低，果个小。氮素过量，枝梢徒长、花芽分化差、花芽量少而劣质，树体抗性减弱。

磷是细胞原生质和细胞核的主要成分。磷充足可促进花芽分化，增加坐果率，增进果实着色，提高果实含糖量，增加果实硬度，提高果实的耐贮藏性及树体的抗逆性。缺磷时，叶片小而窄、长圆形，

果小、色暗淡、发软，产量下降；但磷过多，会影响花椒树对锌、铜、氮和镁的吸收，使叶片黄化。

钾与糖类的合成和运转关系密切。钾可促进光合作用和新梢成熟，提高树体抗寒、抗旱性，促进果实肥大，增加色泽，提高糖度和品质。缺钾新梢停长早，生长细弱，果小，着色不良，叶缘和叶尖枯焦或向下反卷枯死。钾过多，影响镁、锌和铁的吸收，导致叶脉间变黄。

硼主要促进花粉发芽和花粉管的伸长，提高坐果率。缺硼时，根和新梢的生长点易枯死，根系生长差，新梢易生出丛枝叶，叶片变色或畸形，叶柄易断，坐果不良，树皮变粗糙、开裂，果实皮部和果心下陷或者畸形。

锌是合成光合物质和生长素的原料，与叶绿素和生长素的形成有关，参与二氧化碳和水的可逆性反应，形成色氨酸，促进树体正常生长。缺锌时，枝梢生长小，萌芽晚，新梢顶部叶片小，树势衰弱。

镁是叶绿素的成分之一，并且是光合作用不可缺少的营养元素，参与部分磷化物合成，可促进磷的吸收和同化。缺镁时，植株生长停滞，基部叶片的叶脉出现黄色，严重时叶片从新梢基部开始脱落。

钙是多种酶的组成成分，与叶绿素的形成有密切关系，缺钙时，近新梢顶部的叶片变黄，有些叶焦边，落叶，果实色泽不良、味淡，产量低。

生产中，可根据树体各部分的生长情况，判断花椒树的营养水平高低及各元素的供给状况。一般叶片大而多，叶色深绿，枝条粗壮时，说明营养正常；缺少某种元素时，会表现出相应症状，要进行补充，当然各种元素在树体内不是孤立存在的，它们间既有相互促进作用，又有拮抗作用，所以要注意配方施肥，只有配比合理，才能发挥最大肥效。

三要素中氮肥主要是促进枝叶生长的，氮过多时易导致枝叶旺长、营养失衡，花椒结果需氮相对较少；而花椒是以果实为采摘物的，磷和钾对成花和果实品质有较大的影响。花椒需磷钾较多，一般每生产100千克干椒需从土壤中吸收纯氮12～15千克，五氧化二磷 10 ～ 13 千克，氧化钾 10 ～ 13 千克，相当于尿素 26 ～ 33 千克，过磷酸钙 63 ～ 81 千克，硫酸钾 20 ～ 26 千克。花椒对其它营养元素的吸收也是各不相同的，任何元素缺乏都会对植株的生长结果及果实品质的提高造成影响。

三、花椒生长周期中，不同时期吸收养分的能力不同

花椒树吸收氮最多的时期在萌芽至开花期，吸收量约占全年吸收量的一半以上，主要靠秋季施用的基肥和萌芽前后施用的速效性氮肥提供。对磷的吸收从春季树液流动时开始，随着枝叶生长、开花、果实膨大，吸收量逐渐增加，新梢生长最盛期和果粒增大期吸收消耗达到最高峰。对钾的吸收从萌芽后一直持续到果实完全成熟，其吸收量以开花期和果实生长增大期较多。对钙的吸收从树液流动开始，由小到多，果实着色期达到高峰。

四、花椒树体不同生长阶段，需肥不一样

由于花椒生长时期不同，其生长中心各不相同，对肥料的需求种类、多少也不一样，这不但表现在年周期中，也表现在果树的整个生长周期中。

就整个生长周期而言，可简单地将树体划分为幼树期及结果期两部分，幼树期以长树为中心，对氮素的需求量大，大量生产实践证明，氮磷钾的配比以 1 ： 0.6 ： 0.5 较适宜。进入结果期后，对磷肥、钾肥的需求量会显著提高，一般氮磷钾的配比以 1 ： 0.75 ： 0.81 较为适宜。

在年周期中，花椒的生长发育是有节奏的，营养物质的分配和运转也随着各器官的形成有所偏重。花期营养分配的中心是花器，但开花与新梢生长有矛盾，花量过大时，会影响新梢、叶和根的生长。新梢生长期，新梢与幼果之间竞争养分激烈，新梢停长和花芽分化期营养集中供应花芽分化和果实发育，主要利用叶片制造营养供应需要。果实成熟期叶片制造的光合产物除供应果实外，开始向

贮藏器官运送。因而整体上花椒树一年中前期需肥规律为高氮中磷低钾，中期应以中氮高磷高钾为宜，后期应以中氮低磷中钾为宜。

第二节 ▸ 花椒的科学施肥

根据花椒的需肥规律和特点，在花椒施肥时应注意做到：早施基肥，巧施追肥，妙施叶肥，以有机肥为主，氮、磷、钾、钙、镁等大量元素与铁、锌、硼、锰等微量元素合理搭配，实现配方施肥，均衡施肥，以提高施肥的科学性。

一、早施基肥

基肥提倡早施，在9～10月份根系生长高峰期，要及时施用，以促进树势恢复、枝条进一步发育成熟，促进花芽分化的进行。同时，早施基肥，有利于增加树体内的营养储备，为花椒的安全越冬创造条件。基肥施用得迟，树体内储备的营养物质不足，花芽分化不良，胚珠不发育，会导致来年大量落花及花序原基全部干枯脱落。基肥施量应达到全年总施肥量的60%～80%，基肥施用时应坚持有机肥为主，化学肥料为辅，化肥应以磷钾肥为主，氮肥为辅。

1. 基肥施用模式

基肥施用时以腐熟的有机肥为主，如农家肥（图7-1）或商品有机肥，适量加入速效性化学肥料和生物肥料，提倡按照有机肥垫底，化学肥料加劲，生物肥料增效的模式施用。通常采用开沟施入基肥法，在植株树梢

图7-1　拉运农家肥

外缘两侧挖沟施入。施肥深度掌握有机肥施在地表下30～40厘米之间，化学肥料施在地表下25～30厘米之间。一般产100千克干椒，需施入优质有机肥500～600千克，过磷酸钙63～81千克，硫酸钾20～26千克，尿素26～33千克，生物有机肥20～25千克。肥料施入后与表土充分混合后填埋。

多施用有机肥可以有效地增加土壤有机质，培肥土壤，为高效生产打好基础。

土壤有机质是指存在于土壤中含碳的有机物质。它包括各种动植物的残体、微生物体及其分解和合成的各种有机质。土壤有机质是土壤固相部分的重要组成成分，有机质基本元素组成是碳、氧、氢、氮，分别占52%～58%、34%～39%、3.3%～4.8%、3.7%～4.1%。

土壤有机质在微生物作用下，会分解为简单的无机化合物二氧化碳、水、氨和矿质养分（磷、硫、钾、钙、镁等离子），同时释放出能量。这一过程为植物和土壤微生物提供了养分和活动能量，并直接或间接地影响着土壤性质，同时也为合成腐殖质提供了物质基础。

土壤有机质的含量与土壤肥力水平是密切相关的。虽然有机质仅占土壤总量的很小一部分，但它在土壤肥力上起的多方面的作用却是显著的。通常在其它条件相同或相近的情况下，在一定含量范围内，有机质的含量与土壤肥力水平呈正相关。

土壤有机质中的胡敏酸，具有芳香族的多元酚官能团，可以提高细胞膜的渗透性，促进养分迅速进入植物体。胡敏酸的钠盐对植物根系生长具有促进作用，并能增强植物抗性。

有机质在改善土壤物理性质中的作用是多方面的，其中最主要、最直接的作用是改良土壤结构，促进团粒状结构的形成，从而增加土壤的疏松性，改善土壤的通气性和透水性。

土壤有机质是土壤微生物生命活动所需养分和能量的主要来源。没有它就不会有土壤中所有的生物化学过程。土壤微生物的种群、数量和活性随有机质含量的增加而增加，具有极显著的正相关。土壤有机质的矿质化率低，不会像新鲜植物残体那样对微生物产生迅猛的激发效应，而是持久稳定地向微生物提供能源。因此，富含有机质的土壤，其肥力平稳而持久，不易造成植物的徒长和脱肥现象。

由于花椒每年均要完成抽枝、展叶、开花、结果等生命活动，需从土壤中吸收大量的有机质，如果补给不及时或不充分，会导致土壤有机质入不敷支，出现亏缺现象，土壤会越种越贫瘠，生产能力越来越低下，因而每年应不断补充有机质，以培肥土壤，保持土壤有较高的生产能力。

有机肥虽然养分种类较全面，但养分含量较低，生产中需要大量补充才能满足生产需要，这在目前农村是很不现实的。在有机肥不足的情况下，施用化学肥料补养便成为主要选择之一。每种化学肥料虽然养分种类较单纯，但养分含量较高，多为速效性的，施用后可快速补充树体养分，起到很好的效果，因而对化学肥料的施用也应高度重视，特别是氮磷钾的施用一定要充足，这是花椒高产的根本保障。

微生物肥料，可加速肥料的分解，促进树体的吸收利用，增施微生物肥料已成为提高肥效的重要途径。在施用基肥时，要注意微生物肥的正确施用，微生物肥与有机肥料及化肥不同，它本身并不能直接为作物提供必需的大量营养元素，而是通过微生物生命活动的产物来改善作物的营养条件，发挥土壤的潜在肥力，刺激作物生长，抵抗病菌为害，从而提高作物的产量。因而在施用时要注意做到：

（1）微生物肥料必须与有机肥配合施用　土壤有机质缺乏时，施用微生物肥后，少量的有机质被快速分解，使得微生物因为生存基质缺乏、生存环境恶化失去了繁衍的基础条件，必然导致一部分微生物死亡，微生物肥效降低。因而微生物肥料单纯施用是没有效果的，在施用时必须与有机肥配合，如与农家肥混合施用时，农家肥必须充分腐熟，防止未腐熟农家肥在腐熟过程中杀灭微生物。

（2）在适宜条件下施用　微生物对环境条件要求较严格，强光、高温、干旱水分不足都影响微生物肥料的肥效发挥，因而微生物肥料应在阴天或晴天傍晚施用，施后要及时盖土、浇水。

（3）开袋后应立即施用　微生物肥料在开袋后，由于环境的改变，必然有部分微生物不适应新的环境而死亡，随着开袋后时间的延长，微生物损坏数量增加，肥效降低，因而微生物肥料在开袋后应立即施用。

（4）注意施用土壤的酸碱性　微生物在过酸、过碱的土壤条件下均难以存活，因而施用微生物肥料的土壤以中性或弱酸、弱碱性土壤为主，不能在酸性大或盐碱地上施用。

（5）在施用微生物肥料的花椒园内要控制无机肥和除草剂、杀菌剂的施用　长期施用化学肥料会导致土壤板结、土壤酸化，会恶化微生物生存的条件，特别是与碳酸氢铵、草木灰、含硫元素的肥料混合施用，严重影响微生物肥的肥效；杀菌剂、除草剂的使用，会直接杀灭部分微生物，导致微生物数量减少、微生物肥效降低，因而在施用微生物肥料的花椒园内应控制化学肥料和除草剂的施用。生产中施用微生物肥料和杀菌剂、除草剂时要有一定的间隔期，最好间隔期在3天以上。

（6）微生物肥料要注意施用时期　微生物肥料对土壤反应敏感，像固氮菌适宜在pH为6.5～7.5的土壤里生长，对湿度要求较高，以田间相对持水量60%～70%生长最好，最适于在25～30℃条件下生活，温度低于10℃或高于40℃时生长受到抑制。磷细菌属好氧性细菌，生长的适宜温度是30～37℃，适宜pH为7.0～7.5。因而微生物肥料作基肥时应早施，应在9月中旬到10月上旬施入，作追肥时应适当迟施，最好在3月下旬气温升高后施入，以促进微生物活动量的增加，增加肥效。

2. 施肥的依据

在施肥时要以树龄、树势、肥料养分含量、土壤性质、气候条件、产能高低为依据，确定施肥的种类和数量。

（1）树龄　树龄不同，树体生长发育的侧重点是不一样的，所需营养物质种类、数量和比例也不相同。一般幼树期以光合面积的扩大为主，也就是以长枝叶为主，需肥量少，需用氮较多，磷、钾较少；随着树体的生长，枝叶量的增加，到初果期，需肥量开始增加，由于树体开始有成花能力，在肥料种类上，除需要充足的氮肥供给保证枝叶生长外，需磷量增加，只有适量地供给磷元素，花芽分化才有保障；进入盛果期后，由于花椒产量迅速上升，需要大量补充营养，以满足生长结果之需，在肥料种类上不但要氮充足，磷有保障，而且对钾的需求也很迫切。生产中要顺应这一变化趋势，适时适量补充树体所需的营养。

（2）树势　树势不一样，对肥料的需求也不相同，一般旺树需肥量较少，弱树需肥量大，只有充分地供给肥料，才能促使树势复壮。

（3）肥料养分含量　一般有机肥养分含量低，施用量大，而化学肥料养分含量高，施量相对较少。由于化学肥料种类不同，其养分含量差别较大，在施用时应区别对待，一般养分含量越高，施量应越少，养分含量越低，施量应越大。

（4）土壤性质　为了充分发挥肥效，应根据土壤的性质，选择肥料的种类，确定肥料的用量。一般沙性土壤保肥性差，易漏肥漏水，施肥时应少量多次进行；黏重的土壤保肥性好，可采用多量少次的施肥方法，以减少施肥用工，降低生产成本。土壤肥力高的地块，有机质含量相对较高，速效磷含量较多，可少施用磷肥，在瘠薄地，应多施磷肥。我国北方多为碱性土壤，在磷肥施用时应以过磷酸钙、重过磷酸钙等水溶性肥料或含磷量高的磷酸一铵、磷酸二铵等复合肥为主，少用磷矿粉、骨粉等磷肥。

（5）气候条件　气候条件一方面直接影响根系的生长及其对养分的吸收，另一方面还影响土壤中养分的状况。一般夏秋季高温多雨季节，树体生长迅速，对养分需要量大，而冬春季树体生长量小，需肥量较小。

（6）产能　树体大小不同，生产能力是有差别的。一般树体小，结果能力低，需肥量小；树体大，结果能力高，需肥量大。施肥时一定要考虑花椒的产能，按需施肥，既要保证树体吃得饱，又要严防过量施肥，造成肥料的浪费。

3. 基肥施用方法

基肥施用以根际土壤施肥为主，主要方法有：

（1）沟状施肥　在树梢外缘挖深20～30厘米，宽30厘米的直沟，施入肥料，将肥料与表土充分混匀，然后用土将沟埋平。

（2）放射状施肥　从树冠下面距主干1米左右处开始，以主干为中心，向外呈放射状挖4～6条沟。沟一般深30厘米，将肥料施入。这种方法一般较环状施肥伤根少，但挖沟时也要避开大根。可以隔年或隔次更换放射沟位置，扩大施肥面，促进根系吸收。

（3）环状施肥　以树干为中心，在树梢外缘挖深、宽分别为30厘米左右的沟，将肥料施入，与表土充分混匀，然后将沟埋平。

（4）穴状施肥　按树大小在树盘内梅花点状挖8～15个直径15厘米左右的穴，将肥料施入穴中，与土充分混匀，然后将穴埋平。

（5）全园撒施　肥料多时，可将肥料均匀撒施于地表，然后耕翻，翻时掌握近根处浅，远根处深的原则，尽量少伤根。

根际土壤施肥注意事项：

① 施肥沟一定要挖在树梢外缘大量须根分布区，以提高树体对肥料的吸收利用率。

② 施有机肥时要深挖沟，沟的深度应在30～40厘米之间，以引导根系下扎，促使形成强大的根群，提高树体吸收能力。

③ 施肥作业时要注意保护根系，特别是要严防损伤直径在1厘米以上的大根，作业时树盘内近干处应浅，远离树干处渐深。

④ 肥料施入土壤后，一定要与土壤充分混匀后填埋，防止将肥料直接填埋导致烧根现象的发生。

⑤ 农家肥一定要腐熟后施用：农家肥大多来源于动物粪便，未腐熟时其养分状态是缓效的，不能被树体根系直接吸收利用。如果将其直接施入，在地下腐熟过程中，由于反硝化作用的加强，易产生热量造成根部灼伤，引发根腐病。因而在施用时一定要经过堆沤腐熟。

二、巧施追肥

由于花椒不同生长时期生长节奏不一样，生长中心各不相同，对营养元素的需求也是有差别的，要适时进行营养补充，保证生长结果的顺利进行，因而追肥应分次进行，一般生产中主要应抓好以下几次肥料的施用：

1. 萌芽肥

在萌芽前后，进行第一次追肥，以氮钾为主，配以少量磷肥。萌芽肥不仅可促进花芽继续分化，同时为萌芽、抽枝提供养分。按树大小每株施尿素0.3～0.5千克，磷酸二铵0.5～1千克，硫酸钾0.2千克左右。

2. 花肥

在开花后，进行第二次追肥，以氮钾为主，以保证开花、授粉、受精和花序分化正常进行。按树大小每株施饼肥0.5～1千克或施用生物复混肥1～1.5千克。

3. 果肥

在坐果后，按树大小每株施三元复合肥1～1.5千克，以促进果实膨大，增强叶片光合作用，促进枝条生长，提高产量和质量。

我国北方栽植的花椒大部分没有浇水条件，在追肥时，最好在雨后乘墒施用，以利于肥料溶解，尽快被花椒树吸收利用。

有条件的应大面积推广肥水一体化追肥法，以降低劳动强度，提高施肥效果。在施肥时，将可溶性肥料按一定比例配合后，拉运到田间，通过输肥管运送，将追肥枪直接插到树盘中，让肥液下渗，当肥液不再下渗时，再移动追肥枪，至全园追肥完成为止。

椒树生长的时期不同，对肥料的需求是不一样的，追肥液的配制也是有区别的。花期追肥应以氮肥为主，每亩追施可溶性配方肥10～15千克，氮、五氧化二磷、氧化钾的比例以3：1：1为宜，用水量据土壤墒情而定，土壤墒情好，每亩用水15立方米即可，干旱缺墒时，每亩用水量可达20立方米。

果实生长期追肥应以磷钾肥为主，氮、五氧化二磷、氧化钾按1：1.5：2的比例配制，每亩追施可溶性肥料15～20千克，用水量据土壤墒情而定，一般每亩控制在15～20立方米之间。

水溶肥施用注意事项：

（1）由于水溶肥能够溶解于水中，更容易被树体吸收利用，肥效快，因而水溶肥以追肥应用为主。

（2）在施用水溶肥时可根据树体长势，调配肥料的种类。

（3）可通过机械油门的调控，调节追肥的速率。

（4）追肥枪要尽量插得深一些，以便将肥料直接送到根系部位。

（5）在树盘内应尽量多地布点插施，以增加根系与肥料的接触，提高吸收利用率。

三、妙施叶肥

1. 叶面喷肥的作用及施用主要时期、应用的肥料种类

叶面喷肥可迅速补充营养，对于缺素症的矫治有很好的效果，因此可根据树体的生长情况，结合喷药进行根外追肥。在生长前期，萌芽后可结合喷药加入优质叶面锌肥，防止出现缺锌小叶的现象。开花前可结合喷药叶面喷施硼酸或0.3%的硼砂溶液，以促进授粉、开花，提高坐果率，防止出现缺硼小粒的现象。新梢生长期喷0.3%的尿素溶液加新高脂膜800倍液。盛花期喷0.5%尿素+10毫克/千克赤霉素混合液或0.3%磷酸二氢钾+0.5%尿素，提高产量。开花坐果期，每隔10天左右，叶面喷施一次30毫克/千克的绿色植物生长调节剂GGR6水溶液，连喷2～3次。落花后，每隔10天喷0.3%磷酸二氢钾+0.7%尿素水溶液。坐果后结合喷药叶面喷施氨基酸钙。在生长后期，果实膨大至着色期，喷2～3次浓度为0.3%的磷酸二氢钾液、0.3%草木灰浸出液或0.3%～0.5%硫酸钾液可增加着色。采果后到落叶前，喷0.5%尿素+0.3%氯化钾+0.3%过磷酸钙浸出液1～2次，以增加树体营养储备。另外，在生长期，还可使用惠满丰400～600倍液或500毫克/千克的稀土微肥等，均可很好地促进生长结果。

2. 叶面喷肥注意事项

（1）根据需求选用叶面肥　叶面肥能迅速补充树体营养，对于

缺素症的矫治、自然灾害后树势的恢复、树体快速生长造成的脱养都有很好的效果。生产中可根据需要，合理选择叶面肥的种类，以解决生产中的难题，保证树体健壮生长。

（2）适时施用 一般在18～25℃的温度范围内，叶片气孔开张度最大，角质层的渗透性最强，肥液吸收效果最好。喷用叶面肥时要避开高温期，防止叶面肥迅速干燥，影响吸收效果。

（3）喷用的浓度要适宜 一般浓度越高，吸收越快，在叶肉细胞不受损害的前提下，应尽量选用高浓度肥液。一般叶面喷肥的适宜浓度为：磷酸二氢钾0.2%～0.5%，尿素0.1%～0.7%，硫酸镁0.1%～0.2%，钼酸铵0.02%～0.1%，硫酸锰0.05%～0.1%，硼砂0.05%～0.3%，硼酸0.2%～0.5%，硫酸锌0.3%～0.5%，腐殖酸锌1%～3%，硫酸亚铁0.2%～0.5%，硫酸铜0.01%～0.05%，硝酸钙0.4%～0.5%，氯化钙0.3%～0.5%，500倍液美林钙，400倍液氨基酸螯合钙，500倍液氨基酸，500倍液富万钾，2～3倍沼液。

（4）喷施量要有保障 叶面喷肥浓度较低，喷施后叶面上的存留量与吸收量呈正相关，因而要掌握喷用量，应喷到叶面上肥液呈现欲滴未滴状。最好在生长季连续喷用3～5次，以取得好的效果。

（5）注意以喷叶背面为主 一般叶片背面的气孔数量较正面多，因而叶面喷肥时应以喷叶背面为主。

（6）在花椒树年生长周期的前期喷用浓度宜小，后期喷用浓度宜大。

（7）叶面喷肥时最好加入一定量的洗衣粉、渗透剂等，以增加肥料溶液在叶面的附着性，提高肥料的利用率。

（8）叶面喷肥只能作为一种辅助施肥手段，不能代替土壤施肥，只有在土壤施肥保证的基础上，叶面施肥的效果才较明显。

四、花椒平衡施肥技术

施肥是花椒生产中的重要管理内容之一，生产中施肥管理的盲目性较大，主要表现在施肥种类不清，施肥量多少不清，施用部位不准，施肥时期不当，严重影响施肥的效果。在生产中推广平衡施肥技术，可有效减少盲目性，提高施肥效果。

1. 平衡配方施肥的必要性

施入土壤中的营养元素并不是单独起作用的，它们之间既存在相互促进作用，也存在相互拮抗作用。在众多施入的营养元素中，起决定作用的并不是施得最多的一种元素，而是最少的一种元素，这一现象即是花椒施肥作业中著名的木桶现象，木桶盛水的多少取决于木桶中最短的一块木板。因而在花椒施肥时一定要注意各元素之间按一定比例施用，以提高肥料的利用率。

2. 平衡配方施肥的原则

（1）平衡供养——烩面原理 施入土壤中的各元素并不是单兵作战，而是以团队的形式发挥作用，它们之间既有分工，又密切合作，既相互促进，又相互制约，团队中既需要氮、磷、钾、钙、镁、硫等大量元素，又需要铁、硼、锰、铜、锌、钼、氯等微量元素，形象地说，就像做一锅烩面，既需要面、菜，也需要油、盐、酱、醋，只有原料比例搭配恰当，做出的烩面才可口。同样在给花椒树施肥时，各营养元素之间的比例也至关重要，只有各营养元素的比例适宜，才有利于树体吸收利用，因而要提倡平衡施肥，我们把这一现象称之为烩面原理。一般情况下，每生产100千克花椒需纯氮1.0～1.1千克，五氧化二磷0.6～0.8千克，氧化钾0.8～1.0千克，三者大体比例为1：0.6：1。

（2）按需肥节奏供养分——适时进餐原理 在一天早、中、晚人体最需要营养的时候，三次进餐补充，可适时满足人体营养之需，保证人体健康生长，这一原理也适应花椒树。在花椒树年生长周期中，3月、6月、9月由于树体生长节奏快，树体养分消耗多，对养分需求多，是施肥的几个关键时期，要注意适时供给肥料，以保证花椒生长结果的顺利进行。

（3）适量补养——少量多次原则 花椒树在一定时期内对肥料的吸收是有一定限度的，超量供给不但会造成肥料的浪费，导致生产成本增加，而且在施肥过多的情况下还易发生肥害，给生产造成不应有的损失。因而在给花椒施肥时一定要注意适量施用，要坚持少量多次的原则，以减少浪费，保证肥料施用安全。

（4）适位补养——壮根原则 花椒树体的各部分，无论是根，还是叶、皮，只要是幼嫩部分均有一定的吸收功能。但皮及叶的吸收能力较弱，吸收养分的量较小，大量的营养是靠根系吸收的。因而要为根系的健壮生长创造条件，通过疏松土壤，适时灌水，保持土壤湿润，以促使形成强大的根系，增强树体的吸收功能。在施肥时要突出根际施肥，充分发挥根系对肥料吸收的主导作用。

（5）有机无公害的原则 通过大量增施有机肥，降低化肥用量，以提高土壤有机质含量，降低生产成本，这是提高花椒产量和质量的根本途径。

3. 平衡施肥在花椒生产中应用时的注意事项

随着肥料工业的发展，复合肥料种类增多，使平衡施肥更加简便，平衡施肥时应以施用复合肥为主，在施用时应注意：

（1）合理选择复合肥 复合肥种类较多，按所含元素种类多少可分为二元复合肥、三元复合肥及多元复合肥。按复合肥中营养元素的多形态又可分多种类型，像三元复合肥中按氮的形态可分为铵态氮型复合肥和硝态氮型复合肥；按钾的形态可分为硫酸钾型复合肥和氯化钾型复合肥等。由于铵态氮型复合肥易挥发损失，在花椒生产中应选择硝态氮型复合肥。一般硫酸钾型复合肥既适合大田禾本科作物，又适于其它农作物和经济作物，花椒生产中应用也较好，而氯化钾型复合肥主要应用于大田禾本科作物。

（2）充分了解园内地力状况 复合肥养分比较固定，最好进行测土施肥，缺什么补什么，做到平衡施肥。如前一二年果园施用过磷酸二铵，园内磷含量富余，可选择磷含量低的复合肥施用，而在缺磷的果园中则应施含磷量高的复合肥。

（3）复合肥必须与单质肥料配合施用 复合肥养分比较固定，而花椒生长发育时期不同，对营养需要是不一样的，像生长前期需氮较多，而生长中后期果实生长、花芽分化需磷钾肥较多，单靠复合肥是难以满足花椒生长之需的，因而应注意做到复合肥与单质肥料的配合施用，以满足花椒生长之需。

（4）花椒生产中施用复合肥应以基肥为主，追肥为辅　复合肥养分是速效的，利于作物吸收，但磷钾在土壤中转化时间长，因而复合肥最好以基肥施用，在花芽分化及果实膨大期可适量作追肥。三元复合肥一般不作根外追肥施用。

（5）施用部位要适宜　磷钾易被土壤固定，影响肥效的发挥，铵态氮易挥发损失，沙质土壤易脱肥，因而复合肥施用部位要适宜。一般黏性土壤保肥力强应深施，沙质土壤应少量多次浅施；铵态氮复合肥应深施后盖土，以减少养分损失；含磷钾的复合肥应重点施在根系附近，以提高当季利用率。

（6）用量要适当　花椒生产中复合肥的施用应充分考虑产量的高低，施肥过多，会造成不必要的浪费，施用少则难以满足花椒树生长发育之需。不同树龄、不同生长时期的花椒树施肥量是不一样的。在施用时应按花椒园具体情况灵活掌握。

（7）依树龄选择不同种类的复合肥　一般幼树期需氮较多，而结果期则需磷、钾较多，幼树期施肥氮磷钾的比例以1∶0.6∶0.5为宜，结果树施肥氮磷钾之比以1∶0.75∶0.81较适宜，应按此比例选配施用复合肥。

4. 平衡施肥最好在有叶期施用

蒸腾作用是水分从活的植物体表面（主要是叶子）以水蒸气状态散失到大气中的过程，其主要过程为：土壤中的水分→根毛→根内导管→茎内导管→叶内导管→气孔→大气。植物暴露在空气中的全部表面都能进行蒸腾作用。花椒树体吸收养分及养分在树体内的运输均需要一定的动力，目前普遍认为叶片的蒸腾作用即是这一动力，树体吸收矿物质后，借助树体内水分蒸腾，将营养运送到树体的生长部位，满足树体对营养的需求。在有叶期施肥可提高树体对肥料的利用率。

五、花椒施肥存在的问题及提高肥效的措施

在花椒生产中有"有收无收在于水，收多收少在于肥"的农谚，充分说明肥水对产量的提高至关重要。目前我国花椒栽培肥料管理方面存在不少问题，严重影响施肥效果，不利于花椒产量、质量和效益的提高。这些突出问题主要表现在以下几个方面：

1. 有机肥严重短缺

在我国花椒生产中，二十世纪六十年代以前是以农家肥为主的，没有应用化学肥料的条件和习惯，六十年代初期，我国开始进口氮素肥料，以硫酸铵、尿素为主的化学肥料开始应用于花椒生产中，刚开始由于受传统观念的束缚及化肥总量的不足，应用是有限的。之后我国开始尝试生产硫酸铵、碳酸铵、尿素。由于化学肥料养分含量高，肥料具有速效性，明显促进了产量和经济效益的提升，从此一发不可收拾，化学肥料的应用量越来越大，农家肥料由于养分含量低，肥效缓慢，在花椒生产中的应用越来越边缘化。进入21世纪后，花椒生产中有机肥投入严重不足，导致土壤有机质含量偏低，土壤缓冲能力降低，直接导致了花椒树势衰弱，产量不稳，品质整体下降，风味变淡，严重影响花椒产业的综合生产能力和可持续发展。

2. 长期化学肥料的大量应用，导致土壤结构变差

从二十世纪七十年代开始，氮素肥料大量应用于花椒生产中，土壤养分平衡被严重破坏，八十年代，缺磷特征明显，磷肥的应用受到重视，九十年代，花椒园缺钾特征突出，钾肥开始大量应用于花椒生产中。由于长期化学肥料被大量应用，土壤酸化现象越来越明显，板结越来越严重，越来越不利于耕作和根系生长，对花椒树的生长影响越来越大。

3. 施肥数量严重不足

目前花椒生产中普遍对肥料的施用重视不够，多不能够足量补给，缺肥现象十分突出。

4. 施肥比例失调现象没有得到根本转变

花椒生长过程中不但需要氮、磷、钾、钙、镁等大量元素，还需要硼、锌、铁、铜等微量元素，呈现明显的多样性，而且只有在各元素比例适当的情况下，才能很好地发挥作用，如果比例不当，则相互制约，影响施肥效果，即各元素之间既有相互促进作用又有拮抗作用。这一现象在二十世纪九十年代到二十一世纪初，引起人们的普遍关注，复混肥和复合肥开始在花椒生产中应用，使花椒施肥状况有所好转。但由于复混肥及复合肥的质量不一，各地花椒园土壤养分含量各异，花椒生长不同时期对养分的需求各不相同，施肥管理中养分比例失调的问题客观存在，没有得到根本转变。养分供给的不合理和比例失调，是导致肥料利用率低的一个重要原因。

5. 花椒树体的需肥节奏和化学肥料的施用时间难以有效合拍

花椒树体需肥有明显的节奏，像在年生长周期中，生长前期需要氮较多，中期需要磷量大，后期需要钾较多，生长的前期以利用树体的贮藏营养为主。目前生产中提倡的3月、6月、9月施肥，正是花椒树需肥量最大的三个时期，但由于多数肥料施入土壤中后，要经过分解、转化，才能被花椒树体吸收利用，特别是有机肥和磷钾肥多为迟效性肥料，分解转化过程漫长，如果按上述时间施肥，则施肥时间与花椒树需肥期难以有效合拍，不能发挥最佳肥效。

6. 肥水步调不一致，影响肥效的发挥

施入土壤中的肥料，只有通过水分这一载体，才会被运送到花椒树的各个器官，只有充足的水分作保障，才可保证肥料分解、转化、运送的正常进行。目前生产中施肥时间主要集中在3月、6月、9月，而我国北方花椒主要产区正常年份，3月、6月降水较少，旱象发生频繁，加之绝大部分花椒产区不具备浇水条件，水分的不足，严重影响肥效的发挥，成为生产中突出问题之一。

7. 肥料质量优劣不同，发挥作用各不相同

目前我国生产化肥的企业众多，所产肥料质量千差万别，特别

是复混肥、复合肥，目前市面上劣质产品占有很大的比例。劣质肥由于养分含量低，施用后肥效难以提高。

8. 施肥作业不当，影响肥料的吸收

在目前的施肥作业中，特别是在基肥施用时，开沟离树干太近，开沟过宽，会损伤许多根系，所伤根系恢复需要相当长时间，从而影响肥料的吸收和利用。施肥过程中，肥料施用得较集中，肥料与土壤搅拌不均匀，特别是含有缩二脲的肥料，会出现烧根现象，造成根系损伤，影响肥料的吸收。

9. 对肥料特性不了解，施用方法不对

肥料施入土壤中后，经分解后的正离子易被土壤颗粒固定。如磷离子、钾离子等一旦被固定，则很难移动，只有根系接触到，才能被吸收利用，否则难以利用。在施肥作业时，如果这样的肥料施用得太深或太浅，离根系太远时，发挥作用就相当有限。

从以上问题看，改革施肥方法是很有必要的，只有不断完善施肥措施，提高肥料供给的科学性，才能提高肥料的利用率，充分发挥肥效，促进生产效益的提高。

根据目前施肥现状、肥料发展趋势和社会发展水平，在花椒生产中施肥作业改革应侧重以下几个方面：

1. 坚持有机肥为主的施肥方向

有机肥是养分含量最全面的肥料，不仅含有植物必需的大量元素、微量元素，还含有丰富的有机养分，施入土壤后，有机质能有效地改善土壤理化状况，熟化土壤，增强土壤的保肥供肥能力和缓冲能力，为作物的生长创造良好的土壤条件。有机肥腐烂分解后，能给土壤微生物活动提供能量和养料，促进微生物活动，加速有机质分解，产生的活性物质等能促进树体的生长和花椒品质的提高。因而在花椒施肥作业时要坚持有机肥为主的施肥方向，通过大量施用有机肥，提高土壤有机质含量，以促进花椒产量、质量的提高，提高花椒产业可持续发展的能力。

2. 提高配方施肥质量

化学肥料的不当使用，导致土壤养分失衡，给生产造成了许多不应有的损失，引起了生产者的高度关注。为了平衡土壤养分组成，从二十世纪九十年代开始，提出了配方施肥概念，配方施肥开始大量应用于生产中。配方施肥就像做烩面，氮磷钾大量元素相当于面菜肉，硼铁锰铜锌等微量元素相当于油盐酱醋，不但肥料的种类要配合，而且各元素之间的配比也要恰当，肥料质量要高，才有利于作物吸收利用。任何一种元素过多或过少都会影响肥料的吸收效果。

在实施配方施肥前一定要弄清三个问题。一是土壤养分含量情况；二是所施用肥料养分含量情况；三是通过叶分析，弄清树体所缺元素种类和数量。只有将这三个问题都搞清楚了，才能真正做到科学的配方施肥，缺少任何一项，则配方施肥无从谈起。

通常生产中根据目标产量进行配方施肥，一般通过以下公式计算实际施肥量：

实际施肥量=（计划产量农作物需肥量-土壤有效养分测定值）×0.15×校正系数/（肥料养分含量×肥料利用率）。

由于配方施肥技术要求较高，特别是叶分析，不符合我国花椒生产以户为单位的现状，为了简化配方施肥程序，加快配方施肥的推广应用，增强使用效果，广大肥料科学工作者根据我国土壤现状，研制出了多种多样的复混肥和复合肥，使配方施肥作业大大简化，极大促进了配方施肥的实施。

目前我国复混肥、复合肥生产厂家众多，产品质量参差不齐，生产中要注意选用优质复混肥和复合肥，以提高施肥效果。在购买肥料时尽量选购名优正规产品，所选用的肥料要求包装标识标注内容齐全、规范，包装袋上应标注肥料名称、商标、生产许可证编号、生产者或经销者的名称地址、生产日期或批号、保质期、产品执行标准编号、养分含量、净含量、警示说明、使用方法、适宜作物及不适宜作物、建议使用量、规格等级类别等。购买前最好把产品放到公平秤上称量，看重量是否与标注的相符；如有偏差，看是否在允许范围内。注意根据花椒树体的生长特性和"好恶"进行选购，应选颗粒均匀、没有潮湿结块、包装完好的产品。购买肥料时一定要索取购货凭证，以便在出现纠纷时进行维权。

3. 基肥的施用要在丰水期进行，注意应用高质量肥料

水分是影响肥效发挥的关键因素，秋季是我国北方的主要降雨季节，一般秋末冬初土壤水分含量大，是最佳施肥季节，秋施基肥，有利于肥水互促，对于提高肥料利用率是非常有益的。一般基肥应在9月至10月份施入，此期施入，不但土壤墒情好，有利于肥料分解、转化，而且树体叶片密集，蒸腾作用强，肥料的吸收动力充沛，吸收利用率高，有助于树体冬前贮藏营养，对树体安全越冬和花芽分化都有很好的促进作用。

基肥施用时要做到有机、无机肥料相配合，有机肥含有养分种类多但相对含量低，释放缓慢，而无机化肥单位养分含量高，成分少，释放快。两者合理配合施用，相互补充。有机质分解产生的有机酸还能促进土壤和无机化肥中矿质养分的溶解。有机肥与无机化肥相互促进，有利于作物吸收，提高肥料的利用率。有机肥的施用量要足，根据目标产量，保证优质土杂肥的施用量要达到目标产量的 1 ～ 1.5 倍，无机化学肥料应以缓控释肥为主，缓控释肥是肥料制造上的新创举，是在传统肥料外层包一层特殊的膜，根据作物养分需求，控制养分释放速度和释放量，使养分释放曲线与作物需求曲线相一致，从而使肥料养分有效利用率得到大幅度提高。

4. 追肥管理推广肥水一体化技术，提高水溶性肥料的应用比例

肥水一体化是现代肥料管理的一大变革，指将可溶性肥料加入配肥池中，加水溶解后，通过输液管道送达树体根部的追肥法，也称随水施肥法，是一种较先进的施肥方法，具有施肥速度快、省工、作物吸收利用率高、挥发损失少、对根系伤害轻的特点。

传统施肥作业时，肥料施用量大且时间集中，造成花椒树体在刚施肥后养分过剩，而后期则会养分不足，不利于树体生长，因此

这种施肥方式实际上是不科学的。少量多次的追肥虽然是给花椒树体补充养分的最佳方式，但由于人工成本太高，生产中应用是不现实的。应用肥水一体化施肥技术，可均衡供给肥水，彻底改变花椒树体养分供给上"饥饿-过饱-饱-饥饿"的循环状况，使肥料供给的科学化程度大幅提高。在发达国家，由该技术所支撑的花椒园平均单位产量是我们国家的3～5倍。我国肥水一体化技术发展较晚，2007年一些肥料公司开始关注国际上已经普遍使用的全水溶性肥料，开始了对水溶肥的技术研究和产品开发，该技术逐渐有了大规模发展。

一般应用肥水一体化技术时设备由配肥池、输肥管、进肥口三部分组成。规模化应用这一措施，一定要有高位配肥池，以便通过一定的压力，将肥液运输到植株根部，输肥管可借助花椒园的微喷灌系统，出水口通过自然下渗进行施肥。农户小型的应用，可通过农用车装载塑料桶，配套喷药用输药管、追肥枪，实施这一措施，如果再能配套坑贮肥水措施，效果会更佳。

由于我国目前花椒生产以户为单位，后者应用更具有现实意义，特别是在山旱地应用，增产效果明显。可结合施用基肥，据树大小，在树冠外围埋入3～7个高40厘米、粗30厘米的草把，平时用塑料薄膜包严，在施肥时，将可溶性肥料按一定比例配合后，拉运到田间，通过输肥管运送，将追肥枪直接插到草把上，让肥液下渗，一个贮肥坑渗满后，再移动追肥枪至另一个贮肥坑，至全园追肥完成为止。

随着肥水一体化技术的普及，水溶性肥料进入快速发展期。水溶肥指能很好地溶解于水中的肥料，包括尿素、硫酸钾、复合肥和混合肥等水溶肥料。质量好的水溶肥可以含有作物生长所需要的大量元素以及微量元素等全部营养元素。由于水溶肥是根据作物生长所需要的营养特点进行配制的，使得其肥料利用率是常规复合化学肥料的2～3倍。因而提高水溶性肥料的利用比例，是提高施肥效果的新的突破口。

水溶性肥料质量的好坏，对肥效的发挥影响较大，一般好的水溶性肥料应具备以下特点：各养分元素的配比合理，养分种类齐全。

在选购水溶性肥料时，可通过看养分含量、看水溶性、闻味道、做对比等方法鉴别肥料的好坏。一般好的水溶肥纯度很高，而且不会添加任何填充料，100%都是可以被作物吸收利用的营养物质，氮磷钾含量一般可达60%甚至更高。差的水溶肥一般养分含量低，每少一种养分元素，成本就会有差异，肥料的价格就会有不同。水溶性好的肥料，施肥后树体吸收充分，浪费少，利用率高，而水溶性差的浪费多，利用率低。一般将肥料溶解到清水中，如溶液清澈透明，除了肥料的颜色之外和清水一样，表明水溶性很好；如果溶液有浑浊甚至有沉淀，水溶性就很差，不能用在滴灌系统上，肥料的浪费也会比较多。好的水溶性肥料没有任何味道或者有一种非常淡的清香味。而有异味的肥料要么是添加了激素，要么是有害物质太多，这种肥料用起来见效很快，但对作物的抗病能力和持续的产量和品质提高没有任何好处。好的肥料见效不会太快，因为养分有吸收转化的过程。好的水溶肥用两三次就会在植株长势、作物品质、作物产量和抗病能力上看出明显的不同来，用的次数越多区别越大。

5. 正确应用根外追肥措施

在花椒生产中，应坚持根际施肥为主，根外追肥为辅的施肥原则，及时通过根外追肥，补充营养元素。根外追肥措施在矫治树体微量元素缺乏症上具有很好的效果。根外追肥主要有涂干和叶面喷施两种。

涂干以氨基酸、沼液等液体肥料为主。采用涂干法，可快速补充树体营养，有利于树体健壮生长和开花结果，同时氨基酸具有明显的生长调节作用，涂抹氨基酸，对果树生理性病害能起到防治作用，可减缓小叶病、黄叶病等病害的病势发展，因而在生产中应注意加强使用。根据生产实际，在使用氨基酸涂干时应注意以下几点：① 以涂刷主干和大枝为主；② 注意应用原液涂刷；③ 有流胶病斑的应先刮尽干枯死皮，避开新鲜伤口涂刷，防止传染病菌，引发流胶病扩散。

叶面喷施补充肥料时应注意以下要点：

（1）有明确的针对性　硼、锌、钼、铁、锰、铜等营养元素，作物需要量很少，但却不可缺少。当某种微量元素缺乏时，作物生长发育会受到明显的影响，产量降低，品质下降；而过多使用会使作物中毒，同样影响产量和品质。一般这类肥料没必要通过大量的土壤施用进行补充，只要通过叶面少量喷施即可满足其需要，生产中可根据相应症状，采用相应营养元素肥料进行叶面喷施，以纠正缺素症。

（2）浓度适宜　肥液浓度过高会伤害叶片，反而降低肥效；浓度过低又不起作用。最适的肥液浓度因所含元素不同和作物种类而异。一般叶面喷肥的使用浓度分别为：尿素 0.1% ～ 0.7%、磷酸二氢钾 0.2% ～ 0.5%、硼酸 0.2% ～ 0.5%、黄腐酸铁 0.3% ～ 0.5%、硫酸锌 0.3% ～ 0.5%、氨基酸钙 0.2% ～ 0.5% 等。

（3）时间适当　叶面喷肥要注意避开高温期，一般以上午 10 点之前，下午 4 点之后喷用为宜。在雨天不能喷用，喷用后遇雨要重新喷施。

（4）植物不同的部位对肥料的浓度要求不同，要区别对待　叶、茎、花、果都可以喷施肥料，但喷花、蕾的时候注意浓度不要过高；喷叶子，要喷两面，背面的气孔数更多。

6. 施肥作业时要注意保护根系

在花椒树根系中，吸收肥料主要靠根毛来完成，在根毛区施肥，可以提高肥料的利用率，增产增收。一般情况下，水平根的分布范围为果树冠径的 1.0 ～ 1.5 倍，但大部分集中于树冠投影的外缘稍远处，呈垂直分布，根系分布较浅，为 40 厘米左右。施肥应施在树冠投影边缘处或稍远处。在施肥作业时，要注意保护根系，特别是少用旋耕机械，以防造成大量根系损伤，影响树体的吸收功能。施肥作业时最好采用肥水一体化措施，应用传统施肥方式时，施肥部位要适当，防止离根系太近，以保护根系。

肥料种类不同，种植方式各异，施肥方法也是有区别的，一般有机肥分解慢，但供肥期较长，可适当深施；化肥移动性大，可浅施。对于密植花椒园，可在行间深施，在株间浅施，最好不伤或少伤大根，这样方能充分发挥肥效，提高肥料的利用率，达到增产增收的目的。

7. 施肥用量要适度

生产中既要防止过量施用化肥，导致土壤中营养元素超量积累，又要防止施量不足，影响树体生长和结果。一般应以产量为依据，按照目标产量进行施肥。一般每生产1000千克鲜花椒需施用优质土杂肥1000～1500千克，补充纯氮12千克、五氧化二磷9千克、氧化钾9.92千克。生产中可参照此标准及土壤的养分含量灵活掌握，既保证树体吃饱，又不要造成肥料浪费。

8. 施肥时期要适当

肥料施入土壤中后，要经过分解、转化，才能被树体吸收利用，因而施肥时间要比树体需肥期适当提前，以便适时供给树体养分，满足树体生长结果的需求，特别是基肥的施用要提前，要改变目前基肥施用较迟的现状，以充分发挥肥效。适时秋施基肥，好处较多，有利于花芽分化，增加树体营养积累，提高肥料吸收利用率，对于稳定树势，促使形成健壮饱满花芽作用明显，可为下年的春梢生长、开花结果打下基础。因而要注意在9～10月适时施用基肥。

第八章

水分管理

第一节 ▶ 花椒需水特点

　　水分是花椒组织器官的重要成分，又是树体生长发育所需营养物质的重要载体。一般来说，果实中含水量约30%，叶片含水量约70%，枝蔓、根的含水量约50%，因而水分是花椒生产中不可或缺的物质。花椒在年降水量500～600毫米地区生长最好，在年降水量400毫米左右的地区也能正常生长，但是花椒根系分布浅，难以忍耐严重干旱。花椒生长适宜的土壤相对含水量为70%左右，如果土壤干燥的话，会导致浅根枯死。

　　花椒的树体结构及生长习性决定了花椒需水有如下特性：

一、喜湿润的土壤，较耐旱，不耐涝

　　花椒侧根发达、吸收能力强，表现抗旱性。但花椒生长期长，叶片数量多，生长速度快，生长量大，是需水量大的作物之一。水分不足，植株的生长易受到抑制，产量的形成受到限制。由于花椒根系有好氧性，积水易导致氧气不足、根系枯死，因而水分过量时，对产量和质量影响较大。干旱地区，最好采用保墒栽培。

二、不同物候期需水量各异

1. 发芽前后到开花期

充足的水分供给，可以加强新梢的生长，增大叶面积，增强光合作用，有利于开花坐果。

2. 新梢生长和幼果膨大期

该时期树体的生理机能旺盛，是花椒一年中需水量最大的时期。水分不足，影响枝蔓的生长，易出现幼果皱缩而脱落的现象，特别是引入的日本品种，此期如缺水，极易发生青枯病，不利于产量提高。

3. 果实采收前后及休眠期

此期水分不宜过大，水分过量不利于产品品质提高。

第二节 ▶ 花椒生产中的水分管理

我国北方春旱、伏旱严重，干旱少雨、降水量不足成为树体生长结果的主要影响因素之一；南方夏秋季多雨，常易导致病害大流行及植株徒长现象的发生，对产量和品质影响较大。

总体上，我国北方花椒栽培水分管理应以保墒为主，南方花椒栽培水分管理应以防涝为主。

一、保墒栽培

在我国北方水分是花椒生产中的最大限制因素，因而提高天然降水的利用率，成为提高产量的关键，生产中应认真落实好保墒措施。在生产实践中形成了覆沙、覆膜、覆草等多种形式的以保墒为主的旱作栽培体系，很有代表性，值得推广普及。

甘肃花椒旱作栽培体系的重点内容为：综合利用以覆盖捂墒保

水为主，集雨节流浇灌和对现有水源的充分利用为辅的水分管理方法，促进花椒生产优质高效。

甘肃在全力推广覆盖栽培的同时，积极发展椒窖配套工程，在花椒生产区开挖集雨水窖，通过雨季集流、旱季浇灌，有效地缓解了项目实施区干旱对花椒发展的影响。同时通过在沟道拦坝蓄水、抽水浇灌，充分利用了现有地表水源，很好地促进了河畔、沟边离水源近处花椒园的产量和效益的提升。

1. 覆沙栽培

（1）椒园覆沙栽培的优点

① 具有很好的保墒性能：土壤覆沙后，一方面可有效地阻止土壤水分的蒸发损失，提高土壤供水能力；另一方面，覆沙可有效地拦截天然降水，提高天然降水的利用率，对作物生长非常有利。据测定覆沙的土壤水分含量比裸露的高5%～8%。

② 具有明显的增温效果：沙石吸热快，一般沙田地温比裸地温度高2～3℃，有利于促进根系生长，形成强大根群，提高植株的吸收能力。

③ 可有效增大昼夜温差：沙石白天吸热快，夜间散热快。土壤覆沙后可加大土壤的昼夜温差，昼夜温差的增大，有利于改善果实品质。

④ 具有一定的防病虫作用：花椒园覆沙后，树体生长的水分供给条件得到改善，树体生长健壮，抗病性增强，同时覆沙后害虫的生活环境恶化，可有效地抑制虫害，特别是对金龟子的抑制作用明显。

⑤ 可有效改善根际生长环境，保护耕作层，促进根系生长：花椒园覆沙后，根系生长的环境得到改善，通透性良好，非常有利于根系生长。

（2）花椒沙培要点

① 建园：由于沙培树体生长量大，栽培密度一般较露地小。沙培花椒一般栽植密度为33株/亩，栽植时采用大坑大肥大水法，进行土壤改良促进成活，促进幼树生长。按照4米×5米的株行距标

准，开挖80厘米×80厘米的定植穴，每穴施入15～20千克充分腐熟的有机肥，肥土混匀填坑，然后每穴浇水25千克左右，水渗后覆土，防板结。对所栽植花椒树根据立地条件进行定干，栽在立地条件较差地方的花椒树应以培养多主枝丛状形为主，该树形无明显主干，栽后在距地面15～20厘米处定干。栽植在肥水条件好的地方的花椒树可采用主干形或自然开心形整形，主干形有明显的主干，植株在80～100厘米处定干，自然开心形在离地30～50厘米处定干。

②覆沙：在花椒树栽植后，要及时耕翻平整土地，然后全园覆盖一层10～15厘米厚的细绵沙（图8-1），覆盖时一般每亩需沙20立方米左右，每亩需投资2400元左右，覆一次沙可应用20年以上。覆沙时要保持沙土两清，防止沙土相混雨后出现板结。覆沙后3～5年，沙层变薄时，可随时添加沙量，保持覆盖层10～15厘米，以提高覆盖效果。

图8-1　花椒覆沙栽培

③幼龄椒园间作：在建园后的前三年内，园内空间较大，可充分利用行间进行间作。幼园间作可以瓜菜、豆类、洋芋为主，优选生产效益高的种类种植。在幼龄花椒园间作时应留足营养带，坚持以花椒树生长为中心的原则，防止影响花椒树生长。

④土壤管理：沙田的土壤管理较简单，是由于覆沙后，土壤耕作层得到有效保护，土壤经常保持疏松状态。沙田土壤管理的关键是在覆沙前要进行细致旋耕，保持耕深在30厘米以上，以创造疏松的土壤条件。覆沙后每年仅在秋季或早春结合施肥，对土壤进行一次耕翻，生长季进行数次铲草，土壤不再进行耕作，可大幅度地降低花椒园劳作用工。

⑤肥料管理：肥料管理是沙田栽培中比较费工的，一般施肥

时，先要用刮板轻轻地将沙顺行刮起，将肥料均匀撒施地面，进行耕翻，然后耙平地面，再将沙覆好。因而沙田施肥的特点是少次足量施肥，一般每年施肥2次，一次是基肥，一次是追肥。基肥在果实采收后至土壤封冻前或早春土壤解冻后施入，施肥时将土杂肥、有机肥、磷钾肥等迟效性肥料一次性施入，施量据树大小、成花情况灵活掌握。总体掌握每生产100千克鲜椒施用充分腐熟有机肥150～200千克，过磷酸钙5千克左右，硫酸钾2千克左右。追肥应在6月前施入，一方面促进花芽分化的顺利进行，另一方面促进果实充分膨大，以增加产量、提高品质。追肥以三元复合肥为主，按照每生产100千克鲜椒，施用三元复合肥3千克左右的标准施入。由于追肥量少，可梅花状穴施，施肥时在树梢外缘，呈梅花状将沙刮起4～12处，用特制铁铲打孔，将肥料灌入，然后用土封孔，复原覆沙。

⑥ 水分管理：覆沙以后，果园供水状况得到改善，一般天然降水可保障果树正常所需，不需特别浇水，可减少灌水用工和灌水费用。

2. 覆草保墒栽培

（1）覆草栽培的好处　长期的生产实践证明，花椒生产中应用覆草栽培，具有以下好处。

① 可最大限度地提高天然降水的利用率：花椒园覆草后，雨天降水可通过草缝渗到土壤中贮存，天晴太阳晒时所覆草便成为一道天然屏障，可阻止水分的蒸发损失，提高天然降水的利用率，保障树体生长结果的顺利进行。

② 有利于形成强大根群，提高树体吸收功能，促进树体旺长：花椒园覆草后，表层根系得到有效保护，可防止因干旱而导致表层根系死亡，有利于形成强大根群。据观察，连续覆草3年以上的花椒园，表层根系较对照（不覆草）的表层根系增加一倍多。花椒树地上、地下部分是相互促进的，"根深才能叶茂"，根的数量增多，吸收水分和矿物质的能力就提高了，树体生长就旺盛了，高产优质

就有可能了。

③ 有利于保护土壤结构：花椒园覆草后，土壤结构得到了有效保护，可有效地防止板结、盐渍等问题的出现。由于覆草后，土壤的透气性较好，土壤固、液、气循环均能良性运行，土壤结构较佳，有利于树体生长。

④ 有利于提高土壤肥力：花椒园覆草2～3年后，草经风吹、日晒、雨打、霜冻的作用，就会腐烂，之后可结合施肥进行埋压，能大幅度地提高土壤有机质含量，培肥地力，增加土壤疏松度，使土壤变得疏松肥沃。

（2）覆草的方式　目前花椒园覆草方式主要有三种。

① 树盘覆盖：草量少时，仅将树盘用草覆盖，但由于覆盖的范围小，效果是有限的。

② 株间覆盖：草量有限时，可将株间用草覆盖，随着覆盖范围的扩大，水分利用率的提高，覆草可为土壤提供相对多的有机质，对土壤和根系的保护范围扩大，效果相较树盘覆盖有很大提高。

③ 整园覆盖：草量多时，可将全园土壤用草覆盖，这是覆盖效果最好的方式，保水及增肥、保护土壤结构等效果最明显。

（3）覆盖用草及覆盖厚度　花椒园覆草可就地取材，作物的秸秆、野生的杂草、树的落叶均可利用。对覆盖的厚度要求不严，但覆盖效果与覆盖厚度有极大的关系，一般厚度越厚，效果越明显。像玉米秆、高粱秆等较粗的作物秸秆，单层覆盖就有一定的效果，麦草、糜草、荞麦秆、洋芋蔓、树叶等的覆盖厚度至少应在5厘米以上。当然最理想的覆盖厚度应在20厘米左右，可据草量的多少选择覆盖方法和覆盖厚度。

（4）花椒园覆草注意事项

① 最好在丰水期覆盖，提高捂墒效果：在秋末冬初降水集中期或春季土壤解冻后及时覆盖，减少土壤水分的蒸发损失，提高捂墒效果。

② 覆草后，可在草上撒一层薄土，防止风吹和火灾隐患：冬春季风大、草干，易发生火灾或大风将草吹拢，在草覆盖好后，可在

草上撒一层薄薄的土。

③ 覆草要注意连续性：覆草栽培的花椒园，根系易出现泛表现象，表层根系量明显增加。如果将草埋压后，不再覆盖，表层根系极易干旱死亡，导致树势衰弱，因而覆草应连续进行。在覆草埋压后，应重新覆盖草或在地表盖一层土，以保护表层根系。

（5）覆草花椒园的管理 根据实践经验，覆草椒园与普通椒园相比，存在以下不同点，在生产中应注意落实相应的管理措施。

① 除草：花椒园覆草，对杂草的生长有一定的抑制作用，特别在覆盖达到一定厚度的情况下，杂草萌芽后因见不到光就会自然枯死。但恶性杂草由于具有顽强的生命力，会继续生长，生产中可通过人工拔除的方法进行清除，减少杂草对土壤中水分、养分的消耗。

② 施肥：覆草的花椒园，草在腐烂过程中，对土壤中氮素的消耗比较多，因而花椒园覆草后，要相应增加氮肥的用量，以加速草的腐烂进程。采用最普遍的方法是乘雨天撒施尿素，施用量据覆盖范围的大小而定，每次每亩用量3～10千克，每年至少撒施2次，其它肥料管理同普通花椒园。

③ 喷药：花椒园覆草后，所覆的草易成为病菌和虫体的寄生场所，在用药时，要相应地对草进行喷施，以杀死寄生在草内的病菌和虫体，提高病虫害的防治效果。特别在冬春季清园时，对覆草用药一定要高度重视，以有效地降低病虫越冬数量，提高清园效果。

④ 修剪：花椒园覆草后，树体生长量明显增大，树势较旺，修剪时应注意对树势的控制，防止旺长。最有效的方法是对过旺枝进行拉枝改造，通过将直立的、斜生的过旺枝拉直变向，促其形成花芽，转化为结果枝。通过结果分散枝长势，从而达到控制旺长的效果。

3. 覆膜保墒栽培

在长期的生产实践中，广大群众探索出了多种覆盖掊墒措施，其中地膜覆盖（图8-2）是主要形式之一。随着栽培时间的延长，对覆盖方式不断进行完善，由树盘覆膜（图8-3、图8-4）到栽植行覆膜，覆盖面积在不断扩大，覆盖效果越来越明显，覆盖更加科学。其中最主要的变化是地膜覆盖由平作变为垄作，覆盖效果更理想。

覆盖时，以树干为中心，每边覆盖一幅宽1～1.4米的无色或黑色地膜（图8-5），最好采用垄作覆盖，以提高覆盖效果。

图8-2　花椒幼园覆膜

图8-3　新植幼树树盘覆膜

图8-4　结果花椒树树盘覆膜

图8-5　花椒覆盖地膜操作过程

（1）花椒树垄作覆膜栽培具有以下优点

① 可有效地阻止土壤水分的蒸发损失，提高天然降水的利用率，降低干旱对花椒树生长结果的不良影响，促进产量和效益

的提升。据测定，覆膜的花椒园根际土壤水分含量较裸地的提高5%～7%，相当于增加50～70毫米的降水。

② 可以收集并输送天然降水到根集中分布区，提高肥水利用率。花椒树的主要吸收根分布在树冠外缘，通过起垄覆膜，在降雨时，地膜可起到集雨场作用，可以将降水的85%～90%集中到根群主要分布区，增加花椒树的吸收量，从而使水分养分高度耦合，提高肥水利用率。

③ 垄作覆盖有一定的防病虫作用。通过覆盖，可阻止土壤中越冬病虫的出土，减轻其危害。垄作后，根际特别是老根区土壤水分含量相对稳定，特别是雨季可防止由根际积水导致的根系死亡，对根系的生长很有利。

④ 具有很好的节水效果。有浇水条件的地方，可减少浇水次数和浇水量，通常节水70%左右。

⑤ 可有效地保护耕作层。覆盖栽培后，可防止土壤养分的淋溶渗漏及碱化板结。

⑥ 稳定地温。生产中采用地膜覆盖并在上面苫土后，根际土壤温度比较稳定。据测定，采用以上方式覆盖的地温变幅在5～10℃之间，特别是夏季根际温度较未覆盖的低，为根系生长创造了良好条件。

⑦ 具有明显的抑草作用。地膜覆盖上面苫土后，可阻止多种杂草的生长，具有明显抑草作用，可减少花椒园用工，降低劳动强度。

⑧ 投资省，用工轻，易推广。一般每亩用地膜7～8千克，费用不足100元，一个劳动力一天可覆盖2亩。

（2）垄作覆膜主要技术要点

① 疏松土壤：在覆膜前要对土壤进行中耕深翻，以疏松土壤，为覆盖打好基础。由于花椒的须根分布较浅，绝大部分分布在地表下20～40厘米，因而疏松土壤时应以浅耕为主，以保护须根系，同时耕翻时要注意近主干处浅，行间适当深翻。

② 施足肥料：花椒为需肥量较少的作物，但垄作覆盖栽培后，施肥作业不便进行，因而在覆盖前一定要施足肥料。生产中提倡

"一炮轰"施肥法，按照目标产量，确定施肥量，然后将有机肥、磷肥、钾肥及氮肥的大部分（70%左右），在覆盖前一次性施入。亩产500千克鲜椒，需每亩施入优质土杂肥1000千克、过磷酸钙50千克、硫酸钾12千克、尿素12千克。在这些肥料中除了留4～5千克尿素在4月份左右作追肥外，将其它的全部施入，有条件的在施肥后浇水，没有条件的立即覆盖。

③ 适时覆盖：提倡丰水期覆盖，以提高覆盖效果。甘肃静宁县秋季降水多，土壤墒情好，因而覆盖主要在秋季进行。早春也可进行，但早春覆盖越早越好，一般在3月上中旬进行，多进行顶凌覆盖，以减少土壤跑墒，提高土壤含水量。也可在夏季雨后抢墒覆盖。

④ 培土起垄：花椒垄作覆盖栽培时，垄不宜太高，以水能自流为原则。起垄时以树行为中心，将行间的土培于树盘内，做中间高15～20厘米、宽2.5～3.0米的土垄，使近主干部分高，而行间低，形成10°左右的坡面，整平垄面，并适当拍实（图8-6）。

图8-6 起垄栽培的无刺花椒园

⑤ 覆盖地膜：以树干为中心，按树龄大小，在树干两侧分别覆盖0.8～1.4米宽幅的地膜，地膜中缝及周边用土压实，防止风吹。如果覆盖的是无色膜，最好在膜上苫一层3～5厘米厚的细土，以稳定地温，抑制杂草。

⑥ 生长期管理：垄作覆盖栽培的花椒树生长期管理的重点内容包括以下几点。

a.保护地膜：覆盖栽培后，要保证膜的完整性，以延长覆盖时间，一般保存得好，覆一次膜可保证应用2年。覆膜后田间作业时，特别是果实采摘、修剪等应用梯子时，梯子着地点可用编织袋包裹，防止扎破地膜。膜上压土，可防止膜风化，延长使用寿命。

b.追肥采用行间沟施为主，有条件的可采用追肥枪施肥，以充分发挥肥效。

c.有浇水条件的在5月、8月分别浇一次水，以促进树体健壮生长和果实膨大，提高产量。

d.行间保留低矮浅根杂草，实行自然生草栽培。对恶性杂草要及时人工拔除，将拔除的杂草压在行间覆盖，以阻止土壤水分的蒸发。杂草腐烂后，可增加土壤有机质含量，培肥土壤。

4.椒窖配合，均衡供水

季节性降水特别明显，春旱、伏旱发生频繁的地区。可以采用修水窖的方法，进行雨季集流，在干旱时进行浇灌，可有效地降低干旱的危害，促进花椒品质及花椒园经营效益的提高。一般一个容积为20立方米的旱窖可供1～2亩花椒园浇灌所用。

5.适时浇水，促进花椒产量和品质的提高

在川地群众采用集资打机井的办法，开发水源，保障花椒园水分供给，重点保证冬春季水分的供给，促使树体健壮生长，提高坐果率和果实品质。

6.关键时期机械拉运浇灌法

在干旱现象特别严重的情况下，在果实生长期采用机动三轮车拉水浇灌的方法，可成功地缓解旱情，为花椒丰产增收打好基础。一般每车次拉大型水桶6个，每桶装水300千克左右，每亩浇10车次，可满足树体生长所需。

7.施用吸湿剂

吸湿剂是一种聚丙烯类物质，吸水量超过自重的1000倍，并有优异的保水性能，在干燥环境下其表面形成阻力膜，阻止膜内水分外溢和蒸发。如果每平方米范围内撒下100克吸湿剂，便可使土壤水分增加800倍，土壤水分蒸发减少75%，并可从大气中吸水，在一次浇水或雨后便可将水分长久保留下来，供椒树长年吸收利用。由于它遇水膨胀和失水干缩的特性，还可以增加土壤孔隙度，防

止土壤板结，有利于根系生长。在花椒生产中应用时，每株施用6～10克吸湿剂埋于根部，可很好地提高树体的抗旱性能。

8. 应用抗旱剂

花椒树吸收的大部分水分用于蒸腾作用，而用于树体生理代谢的只占极少部分。因此在不影响树体生长活动的前提下，适当减少水分蒸发，就可达到经济用水、提高树体利用率的目的。给花椒树喷施黄腐酸可明显降低蒸腾作用，提高水势，能在一定程度上关闭植株表面气孔，明显改善花椒树体内水分状况。

（1）喷施旱地龙 干旱季节，每20天左右给花椒树喷一次400～500倍液的FA旱地龙，喷时以叶面附满药液而不滴水为度，可很好地抑制树体水分的蒸发，提高抗旱能力。

（2）干旱时喷0.05%～0.5%的阿司匹林，能使树叶缩小或关闭气孔，减少水分蒸发，起到抗旱作用。

二、多雨地区高垄防涝栽培

花椒耐涝性较差，花椒园积水，易导致流胶病（黑胫病）大面积发生，严重时花椒树会全部死亡。因而在多雨地区，应加强防涝，以减轻危害。最有效的措施是采用高垄栽培。

一般在栽植花椒时，按照标准的株行距，在栽植行起宽1～1.2米、中间高15～20厘米的垄，将花椒植株栽植在垄上，这样可有效地降低流胶病的发生率。

第九章

树体调节

树体调节是花椒生产中的重要管理内容之一，随着花椒生产效益的提升，花椒生产中精细化管理已经普及，树体管理越来越受到重视。

地域不同，花椒主栽品种不一样；树龄不同，树体生长特性各异，修剪调节的方法也是有区别的，只有因树、因地、因品种进行修剪，才能取得好的调节效果。

第一节 ▶ 花椒树体调节时应树立的观念

如何搞好花椒树修剪？笔者认为观念意识至关重要，只有在观念上解决了为什么修剪，怎样进行修剪，修剪到什么程度，才能取得好的修剪效果。因而在椒树修剪时，应树立以下五个观念。

一、树形观念

在长期的花椒树栽培中，人们根据不同树种、不同种植密度、不同立地条件，创造了多种相应的树形，总的目的是促进园貌整齐、提高生产效益。树形可以说是果树长期管理的智慧结晶，由于不同树种、不同时期、不同立地条件下需解决的问题是不一样的，因而树形表现多样性。但总的来说，树形起着规范的作用，有树形，树体管理才能有的放矢。

二、相对观念

世界上任何事物都是相对的，花椒树管理也一样，既要遵循总的原则，又要临机处置。特别是现代花椒树管理中，修剪的灵活性更大，目前普遍提倡的是花椒树幼树期采用开心形或丛状形整形，就是为了适应花椒喜光的特性。再像为了培养树形，强调按照一定间距留枝，但幼树总体枝量较少，为了辅养树体，应适当多留部分辅养枝，以增加光合叶面积，促进前期产量的提高；到大量结果期之后，随着总枝量的增加，有些为培养树形所配备的枝又变成多余的，需要去除。

三、营养分配观念

花椒树修剪内在意义是人为调配树体营养。在树体中营养主要用途有两大类：一类是用于生长枝叶的，即用于营养生长的；另一类是用于开花结果的，即用于生殖生长的。最理想的是树势中庸，开花结果适量，既有利于产量稳定，又有利于果实品质提高。如果用于营养生长的养分多了，用于生殖生长的养分必然就少了，表现为树体枝梢旺长，成花能力差，所结果实少，产量低；相反用于生殖生长的养分多了，结的果多，果实生长消耗营养多，则会对树体的生长产生抑制作用，会导致树势衰弱，加速树体衰老。在修剪中可根据枝梢生长及成花结果情况，采取相应的对策，使树体养分分配趋于合理化。在树体中大枝是骨架、小枝是肌肉，大枝少、小枝多，有利于产量提高，因而在修剪中要注意控制大枝的数量。

四、通透性观念

在花椒树管理中通风透光条件至关重要，直接决定树体生长及成花情况。就外观而言，修剪就是调整树体的通风透光条件，使通风透光条件优化。因而应随着树体生长、枝量增加，适时进行枝量调整，防止郁闭、光照恶化现象的出现。这就要求做好两方面的工作，既要进行整体控制，又要进行个体调节。整体控制既要控制树高，又要控制冠幅，根据大量生产实践，一般树高小于行距的70%时，树体对相邻行的影响小，因而树高应控制在行距的70%左右，像行距5米的花椒园，树高应控制在3.5米以内；一般树体间枝量交接在10%左右时，对产量和质量影响不大，超过10%，则产量和质量均呈下降趋势，因而株间交接应控制不要超过10%。个体调节侧重点应为枝间距，特别是由初果期向盛果期过渡时至关重要。在幼树期为了辅养树体，通常留相应的辅养枝，至结果期时绝大部分辅养枝已完成使命，应注意疏除。疏除时注意分期分批进行，既要保证树体结构清晰，又不能影响产量。

五、商品观念

我国花椒生产的商品特征明显，商品生产要遵循商品生产的规律，要以提高商品率为目标。商品花椒普遍要求个大，色泽鲜艳。大量生产实践证明，在树体管理中，树体的通透性不同，所结果大小、色泽是有较大差别的，一般光照条件好时，所结果实个大，着色全面，因而修剪中应保持树体良好的通透性，以提高果实的商品率。

第二节 ▶▶ 花椒修剪的依据

花椒树修剪时要统筹兼顾，综合考虑各种影响树体生长的因素。根据生产实际，修剪主要依据有：

一、品种特性

不同品种的萌芽力、成枝力、各类枝的比例、枝条的生长状况、坐果情况、成花量、果实质量各不相同，修剪时应依据品种特性采用不同方法。一般萌芽力强、成枝力弱的品种易形成中、短枝，具有成花早、结果早，但发长枝少的特点；成枝力强、萌芽力弱的品种分枝量大，长势强，但成花结果晚；萌芽力、成枝力都强的品种不易形成花，进入结果期晚，易出现枝量过大、郁闭现象；萌芽力、成枝力都弱的品种易成花，结果早，不易整形。修剪时针对品种特性进行，解决制约生产的问题，促进生产优质高产高效地进行。

二、树龄

树龄不同，生产管理目标各异。一般幼树期修剪以培养树形为主，通过枝条的合理配置，为树体搭好骨架。初果期修剪的目的应以规范树形、促进早果为重点，提高前期产量。盛果期修剪的目的应以提高产量和品质为重点，促使果实商品性提高，提高生产效益。衰老期修剪的目的应以延长结果年限为重点，促使花椒树整体生产效益提高。在具体修剪时应突出各生长阶段的重点。

三、树势

树势强弱不同，修剪中应解决的问题也是不同的，总体上要求旺树缓、弱树促、强分散、弱集中，以达到树势中庸的效果。

四、种植密度

种植密度不同，在修剪时的控制手段也不一样。一般栽植越密，控制要求越严格，如控制不当，则易出现光照恶化，不利于产量、质量和效益的提高。

五、立地条件

一般山旱地花椒树，由于缺水，生长多不充分，长势较弱；而川水地由于土壤肥沃，树体生长时水分有保障，树体生长较旺。在修剪时应进行区别对待。

六、顶端优势

枝条顶端的芽或枝生长势最强，向下依次递减，这种现象称为顶端优势。在修剪时，可通过利用或抑制顶端优势，达到调节树或枝条的生长、结果及各部位的平衡的目的。

七、芽的异质性

树体中不同部位的芽大小、质量各不相同，这种差异称为芽的异质性。一般"好芽发好条，饱芽结大果"，修剪中应充分利用优质芽。

八、层性

花椒树体中枝条存在明显的分层排列现象，这种现象称为层性。现代花椒修剪中，已不再强求层性明显，多提倡枝条插空摆布，螺旋上升。

九、枝的长势

枝的长势不同，结果能力差异较大。一般壮枝结果能力强，有利于产量、质量提高，弱枝很难结出好果。

第三节 ▶ 花椒生产中修剪的基本方法

一、短截

短截指将一年生枝条剪掉一部分的修剪方法。短截后可刺激剪口下芽，促进其多发枝，增加枝条密度，对枝条起加强生长作用。短截的轻重程度不同，发枝情况是不一样的。由于枝条上的芽饱满程度各异，发枝能力也是各不相同的，一般饱满芽抽出的枝条强壮，非饱满芽抽出的枝条细弱。修剪时可根据空间大小，确定短截的轻重程度。

二、回缩

回缩指将二年生以上枝条剪到后部分杈处的修剪方法，又叫缩剪。缩剪一般修剪量大，刺激作用强，抑制或加强作用明显，具有更新复壮的作用。传统修剪时此方法多用于复壮枝组，通过去掉部分枝组，集中营养供给所留枝生长，促使所留枝旺长。回缩手法可一年四季应用，冬剪时回缩修剪多用于培养枝组时缩短枝组的"轴"长度，使枝组紧凑。缩剪也用于骨干枝开张角度，或改变骨干枝的延伸方向。春季复剪时，对无花、长放的枝进行缩剪，以及夏剪时缩剪未坐住果的枝，可以节约树的养分，改善树冠内光照。密植园在树冠已郁闭时也可用缩剪，剪除部分遮阴枝，以解决郁闭造成的少花少果、树体徒长等问题。

三、长放

长放即放任枝条生长的方法。枝条长放后保留的芽数多，发枝数也相对多，但长枝少、短枝多，可缓和枝条生长势，增加养分的积累，有利于枝条增粗和花芽形成，有利于成花结果。在有空间的情况下，对于树体中分生的枝条应多行缓放，以促使壮条的形成，为优质高产打好基础。

四、疏枝

疏枝是指把一年生枝或多年生枝从基部疏除的修剪方法。该方法多用于冬剪，夏剪时偶尔应用。疏枝可以减少枝条数量，改善树冠内光照条件及附近枝的营养状况。就整株树而言，若上部疏枝较多，顶端优势就会向下部枝条转移，从而增强下部枝条的生长势；相反，如果下部疏枝较多，则会增强上部枝条的生长势。同时，由于疏枝减少了枝叶量，有助于缓和母枝的加粗生长，优化树体枝类组成。

疏枝是花椒树修剪的主要手法之一，疏枝可控制园内整体枝量，保持园内良好的通风透光性。枝条着生部位不同，疏除时方法有别，总的原则为"干上疏大，枝上去杈，枝头不要俩，密处快疏下"。疏枝可以保持树体主从分明，实现小不欺大，使枝条摆布均匀、间距适当、单轴延伸，防止大枝占位、后部空虚、结果部位外移等影响产量提升。

疏枝时应以干枯枝、病虫枝、不能利用的徒长枝、过密的交叉枝、外围遮光的发育枝及衰老的下垂枝、直立枝、竞争枝、重叠枝、背上枝条为疏除对象。

一般按去枝量的多少将疏剪分轻、中、重三种类型，通常疏去枝量小于全树总枝量的10%时为轻疏剪；疏去枝量占全树总枝量的10%～20%时为中疏剪；疏去枝量超过全树总枝量的20%时为重疏枝。

疏枝的作用：

（1）改变枝条的生长势　疏枝可以削弱剪口以上枝芽的生长势，增强剪锯口以下枝条的长势。剪锯口越大，这种抑前促后的作用越明显。但在树势强的树上，这种作用不明显。

（2）促进花芽形成　特别是对旺树过密枝的修剪，对促花芽分化作用明显。由于改善了树冠的透光条件，树体养分的积累增加，有利于花芽的形成和开花坐果。

五、除萌及徒长枝处理

3月疏除地面发出的萌蘖，剪除背上枝及徒长枝。对于有利用空间的徒长枝，可将其拉平，结果后再回缩培养成结果枝组。

六、抹芽

在萌芽期将剪锯口及枝条上多余的芽抹除，实行定位留芽，可减少树体养分的无效消耗，集中养分供给所留芽生长，有利于培养壮枝；4月要及时抹除树干距地面50厘米以下及枝条背上萌发枝，抑制萌发枝生长。

七、拉枝

拉枝（图9-1）是调整枝势、促进成花的主要措施。通过拉枝，可开张枝的分枝角，缓和枝的长势，增加枝条中光合产物的积累，促进花芽形成，这是高海拔地区花椒树夏剪应用的主要方法之一。树形不同，枝的类别不一样，应采用不同的拉枝方法，以取得好的效果，像开心形整形时，总体主枝与主干保持60°角延伸，侧枝与主枝保持45°～50°角延伸。

图9-1　拉枝

八、摘心

花椒新梢抗冻性差，冬春季易发生抽条现象，秋季对于具有徒长性及不能适期停长的新梢应于8月中下旬进行摘心（图9-2），以限制枝梢加长生长，促进枝梢组织充实，提高枝条抗性，以利于安全越冬。

图9-2　摘心

第四节 ▶ 花椒修剪的时期

花椒树龄不同，树势不一样，修剪时期是不一样的，一般幼树、旺树以秋季修剪为好，老树、弱树以春季修剪为好。生产中应根据树龄、树势合理安排修剪时间，以取得好的修剪效果。

第五节 ▶ 花椒生产中常用的树形及培养过程

花椒干性弱，分枝多，成枝力强。树形以开心形、主干形、丛状形和三角形为主，应用最广泛的为开心形。

一、开心形

在离地面40～60厘米处定干，选择3个分布均匀、生长健壮的枝条作主枝，其它枝采用拉、垂等方法开张角度。有明显主干，在主干上培育3个上下位置错开的分枝夹角40°～60°的枝条作为主枝，在主枝上再培养2～3个侧枝，就形成了自然开心形树形。该树形的优点是成型快、结果早、通风透光、产量高等。

整形过程：苗木定干高度在40～60厘米，定干时剪口下10～15厘米范围内应有6个以上饱满芽。定干时要避免定得太低，定干太低，发枝少，长势旺，分枝角度小，不利于早果，不利于提高前期产量。定干以短截方法为主，截后要及时对剪口涂油漆或愈合剂、包扎塑料条，进行伤口保护，防止伤口失水造成短截口以下部分抽干，从而影响成活。

定干后一般在6月上中旬，新梢长到30～40厘米时，选留3个主枝，其余新梢全部摘心。

3个主枝上下间隔15厘米左右，均匀分布，水平夹角约呈120°，主枝开张角度宜在40°左右，主枝一律剪留35～45厘米（图9-3）。

主枝开张角度40°为宜
剪留长度35～45厘米

图9-3 开心形主枝选留示意图

第二年对延长枝进行短截，剪留长度45～50厘米，选留主枝上第一侧枝，第一侧枝距主干30～40厘米，侧枝宜选在斜平或斜上侧，主枝与侧枝夹角以50°为宜。

第三年冬剪时对各主枝的第二侧枝剪留50～60厘米，竞争枝及时疏除。第二侧枝必须在第一侧枝的对面，相距50～60厘米，最好斜上侧或斜平侧，第二侧枝分枝角以45°～50°为宜，若侧枝生长量大，可留30～40厘米短截。根据空间大小，分别培养大、中、小型枝组，即可培养为理想的开心形树形（图9-4）。

图9-4 花椒开心形

二、主干形

树高3～3.5米，在离地面60～70厘米处留第一主枝，然后在中干上每隔30厘米左右螺旋状留8～10个主枝，主枝与主干分枝角保持70°～90°延伸（图9-5）。

整形过程：栽植苗木高度在1米以上时，在离地面0.8～1米处定干。第一年培养主枝4个，第一主枝距地面60～70厘米，9月份对新生结果主枝生长量达到1米以上的进行拉枝，使其分枝角度达到90°左右。冬剪时，对中干进行短截，其它主枝

图9-5 花椒主干形

达不到要求的，可进行缓放。主枝保持单轴延伸。

第二年，再选留3～4个主枝，8～9月对主枝生长量达到1米以上的进行拉枝，生长量小于1米的进行缓放。主枝保持单轴延伸。

第三年，再选留1～2个主枝，8～9月对主枝生长量达到1米的进行拉枝，小于1米的继续缓放。主枝保持单轴延伸。至此即可完成整形。

所栽苗木较小时，可实行二次定干法，即栽植的第一年，先在有饱满芽的适当部位进行短截，促进产生分枝，冬剪时，中干放任生长，疏除其它枝条，第二年再在离地面0.8～1米处进行定干，以后修剪整形过程同一次定干法。

三、丛状形

从基部截干使主干抽生多个枝条或一穴栽植多株花椒，保留其中5～6条粗壮、长势好、方向分布均匀的枝条作主枝，在每个主枝上每隔40～50厘米配置一个侧枝，侧枝宜选在斜平或斜上侧，主枝与侧枝夹角以50°为宜。结果枝均匀安排在主、侧枝上（图9-6）。该树形的优点是修剪轻、成形快、结果早、抗风、产量高，蛀干害虫危害后，不至于全株死亡。

图9-6　花椒丛状形

四、三角形

栽植当年主干截留30～40厘米，萌芽后剪口下留3个生长健壮的枝条作主枝，其余抹除，基角60°～70°，每个主枝上培养4～7个侧枝。这种树形树冠大，易丰产。

五、自然杯状形

无中心干，树干高度30～50厘米，其上均匀分布着方位角为120°的3个一级主枝（图9-7）。该树形特点是：通风透光，主干牢固，负载量大，寿命长。适合于种植条件较好的地方。

图9-7　自然杯状形俯视图

第六节 ▶ 结果枝组培养及修剪

一、结果枝组的培养方法

花椒结果枝组的培养方法主要有先截后放法、先放后缩法等，可根据树体具体情况灵活应用。

（1）先截后放法　在花椒树上大空间处，选择健壮枝条先进行短截，促进产生分枝，占领空间，然后进行长放管理，缓和枝势，促进成花结果（图9-8）。

（2）先放后缩法　在花椒树上，如果枝密，可对枝条先长放，促进形成花芽结果，待周围枝条疏除后，腾出空间，再进行回缩处理（图9-9）。

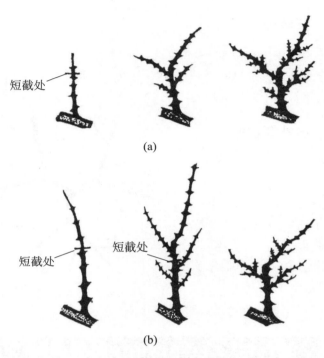

短截处

(a)

短截处　　短截处

(b)

图9-8　花椒结果枝组先截后放培养方法示意图

短截处

图9-9　花椒结果枝组先放后缩培养方法示意图

二、结果枝组的修剪

花椒树体中大、中、小型结果枝组配置比例以 1 ∶ 3 ∶ 10 为宜，注意培养、更新结果枝组。小型结果枝组容易衰老，要及时疏除细弱的分枝，保留健壮分枝，适当短截结果后的枝组，复壮枝组，提高结实能力；中型结果枝组要选用中庸枝带头，稳定生长势，适时回缩偏弱枝，防止后部衰弱；大型结果枝组长势旺，一般不易衰老，重点应调整生长方向，把直立枝组引向两侧，对侧生枝组要不断回缩，抬高角度，以免延伸过长，对衰弱侧枝进行重回缩，选长势强、向上生长的大型枝组作骨干枝延长枝，对外围枝进行重回缩，用壮枝带头（图9-10）。

图9-10　抬高侧生枝角度

花椒收获果串后，留下的结果枝上会长出新梢，但由于结过果的结果母枝养分消耗多，新梢生长多不饱满，花芽的分化也少，如不修剪调整，会出现隔年结果现象。

新生的枝条顶端会形成次年开花结果的花芽，如果让所有枝条都结果的话，会造成结果过多，树体消耗过大，因此要控制结果枝的数量。可将一半附有花芽的枝条的顶端剪掉，将其作为预备枝，让它后年结果，如果剪掉太多会长出新梢，通常以剪掉枝条长度的1/3左右为宜，次年结果的那一半枝条不需要剪切，以保持结果枝和休眠枝平衡，保持产量稳定。

第七节 ▸▸ 不同树龄花椒树修剪

一、幼树

幼树修剪的中心任务是培养树形：3年生以下的幼树可在距地面40～60厘米处将苗梢剪去，剪口下留旺盛的侧枝作为骨干枝。落叶后选留3个主枝，位置错开，分布均匀，主枝上下间隔15厘米左右，与主干呈40°～50°角。

二、初挂果幼龄树

该期整形和结果并重，修剪宜轻，一般不要短截，只进行撑、拉和曲枝处理，留好骨干枝，剪去多余枝，基部萌发枝条留3～5个，其余从基部剪去。

三、结果树

结果树的修剪以维持树势，培养和调整结果枝组为目的，可用长果枝带头，使树冠保持在一定范围内，适当疏剪外围枝。骨干枝的枝头下垂时，应及时回缩，用斜生枝复壮枝头，及时疏剪交叉枝、枯死枝和病虫枝。

四、盛果期树

修剪时应注意维持主枝间平衡，抑强扶弱，以更新及控制结果部位为主，每年在落叶后应及时疏除枯死枝，回缩更新老果枝，以保持树体旺盛的结果能力。对于大枝过多、树形紊乱的要先疏去部分大枝，然后剪去当年抽生的营养枝先端半木质化部分，留中部花芽充实的部分，一般剪去枝条1/3左右。对于隐芽萌发的徒长枝，若内膛较空，可培养成结果枝组，如内膛枝过密，则应疏除。要加强结果母枝的复壮，以保证旺枝结果，提高结果能力。尽管花椒结果母枝连续结果能力较强，但连续结果3～5年后，仍有明显衰弱现象，应及时回缩复壮或利用壮枝更新。

修剪时应坚持去弱留强，疏弱芽留壮芽。

修剪时应注意疏除影响光照的多余枝，保持良好的通风透光条件，对过密（图9-11）、细弱、交叉、重叠、徒长及病虫枝，要及时疏除，使冠内枝组健壮、均衡生长，防止后部光秃。

花椒树不耐修剪，一次性去除大枝过多，容易导致严重抽条甚至死树，因此修剪时应尽量少去大枝，修剪后剪口处要涂抹油漆或愈合剂，以防抽条。修剪时要保持剪口平滑，不要留橛，以免发生萌条。花椒多以中短枝结果为主，修剪方法应以疏剪为主，不宜过多短截。

主枝先端衰弱者，要回缩至壮枝处，并选留向上或斜生枝作带头枝（图9-12）。

图9-11　疏除过密枝　　　　图9-12　花椒树修剪中用壮枝带头

五、衰老树

首先清除病虫枝、枯干枝，然后修剪内向枝、交叉枝、重叠枝，最后把树冠周围每一枝条顶部剪去10厘米。老树和弱树的修剪，以更新复壮为主，兼顾重缩或疏除弱小枝组，充分利用徒长枝（图9-13），补充残缺树冠，保留适量结果枝。

图9-13 花椒徒长枝利用示意图

第十章

花椒冻害的发生及预防

　　花椒树喜温不耐寒，特别在高海拔地区栽培，极易发生冻害（图10-1），给生产造成重大损失。生产中要注意防冻，进行树体保护，促进生产效益提高。

图10-1　春季遭受晚霜冻害的花椒树

第一节 ▶ 花椒冻害发生规律

冻害是北方花椒树生产中的主要灾害之一，在受灾轻的情况下，常发生小枝抽条，影响发芽、生长，花芽受冻，导致低产；受害重时，常导致大树死亡。根据生产观察，果树发生冻害有以下规律。

一、冻害发生的时间

除特别寒冷的冬季出现极端低温天气外，一般忽冷忽热的气候条件下易发生冻害，特别是在秋末冬初快速降温或春季乍暖还寒的情况下，花椒树最易受冻，主要是因为树体内的水分处于时冻时消的状态，抗寒力差。

二、冻害频繁发生的地点

在低洼地、山梁及风口处的花椒树最易发生冻害。低洼地冬季冷空气集结时间长；山梁及风口处，风大气温低，冻害发生频繁。

三、最易发生冻害的年份

冻害常发生在冬季低温出现早而持续时间长的年份，且冬季低温出现得突然时，冻害发生率高。

四、树体易发生冻害的部位

花椒树的花、枝、主干、根颈、根系都易发生冻害，其中常见的是花芽冻害及根颈冻害。花芽抗冻力弱，冬初及春季起伏不定的气温常导致花芽受冻。根颈部停止生长最晚而开始生长活动最早，加之近地表温度变化也较大，所以根颈部易受低温及变温伤害，使皮层受冻。另外枝杈处也易发生冻害，由于枝杈处年轮较窄，木质部导管欠发达，上行液流供应情况不良和此处营养积累少，易发生冻害。在花椒树枝中，一般枝龄越小，越易受冻，一年生枝的抗寒性较二年生的差，二年生的较三年生的差，秋梢较春梢差，侧枝差于主枝，主枝差于主干。

五、易发生冻害的品种

一般源于北方、西部的品种较抗寒，而原产于南方、东部的品种抗寒性弱，易发生冻害。

六、管理措施对冻害的影响

一般秋季浇水过多或秋雨频繁的年份，施氮较多，果树不能适期停长，当冬季低温出现时，生长不充实的组织易发生冻害。

第二节 ▶▶ 花椒冻害的类型

花椒冻害通常有三种类型，分别为树干冻害、枝条冻害、花芽冻害。

一、树干冻害

树干冻害是冻害中最严重的一种，主要受害部位在地上50厘米的主干或主枝上，受害后，树皮纵裂翘起外卷，轻者还能愈合，重者整株死亡。

二、枝条冻害

枝条冻害发生较普遍，只是被害程度有所不同，多伴随枝干冻害发生。多发生在秋冬季、气候干寒的年份。严重的1～2年生枝大量枯死，造成多年歉收。幼树主干生长停止得晚，枝条多不能很好成熟，尤其是枝条先端成熟度差的部分更易受冻。

三、花芽冻害

花芽较叶芽抗冻力差，因而其冻害发生的范围较广，受冻的年份也频繁。由于花椒花芽的数量较多，故轻微的冻害对生产影响不大，但冻害比较严重时，可导致每穗果粒数显著减少，造成减产。花芽冻害主要是花器官冻害，多发生在春暖早而又回寒的年份，一般3月中上旬气温迅速上升，花芽萌发，4月中旬至5月上旬由于强冷空气侵袭，气温骤降，造成花器官受冻。

第三节 ▶ 花椒冻害的预防

冻害影响我国北方花椒树的生产，对冻害的防治应高度重视，生产中可从以下几方面着手防止冻害的发生或减轻其危害。

一、适地建园

园址应选在避风向阳、地下水位低、土层深厚处，避免在阴坡、风口、高水位和瘠薄地建园。提倡在年极端低温-23℃以南的地区发展花椒，如果栽培日本品种，最好在年极端低温-20℃以南地区种植，否则易发生抽条现象。

二、选用抗寒砧木

像花椒中的长把椒等抗寒性相对较强，采用其嫁接大红袍、无刺椒等，可提高品种的抗冻性，减轻冻害危害。

三、幼树越冬保护

在年周期管理中采用前促后控的方法，使新梢适时停长并发育充实，增加营养物质积累，以提高抵御不良环境的能力。寒冷地区花椒树定植当年应进行埋土防寒，在冬季土壤封冻前，可将苗木弯倒，用土埋住，防止冻害的发生，也可先按定干高度进行截干，然后用土将苗埋住。第2年和第3年将玉米秸秆或葵花秸秆从中劈开，套于苗木的枝干上，以保护其越冬。

四、大树涂白

在冬季可用石硫合剂、生石灰、水按比例配制成涂白剂，涂刷大树树干及大枝，可有效地减少冻害的发生。涂白剂一般用100千克生石灰、1千克硫黄、2千克食盐、2千克动（植）物油、400千克热水配制而成，配制时要注意选用纯度高的细生石灰粉，要求生石灰色白、质轻、无杂质。硫黄粉越细越好。

涂白作业最好在秋季至初冬进行，可起到防冻、防日灼、防抽条的作用，春季开花前也可进行，涂后可起到防倒春寒的作用。

在涂白前最好先将树体上的粗皮、老皮、翘皮、病斑刮除，然后涂白，以提高涂白剂附着力，增强渗透效果；涂白应在露水干后进行，在温度低于0℃时不要进行，防止涂后造成局部冻伤。

五、防霜冻

急剧降温或乍暖还寒的时节，最易发生花椒树冻害，要注意根据天气预报进行防范，花期密切关注天气预报，做好霜冻预防工作。目前较有效的措施有：

（1）在果园中安装防霜机，防霜机工作时，通过叶轮的旋转，可搅动空气流通，减少冷空气在果园中的停留时间，减轻危害。

（2）在霜冻发生前，进行果园灌水，利用水热容量大的性质，调节霜冻期的温度，减轻霜冻危害。

（3）短时间、小幅度的降温可采用果园熏烟的方法防治，通过熏烟，冷空气不能下沉，从而在果园上空形成一层烟雾保护层，防止霜冻的发生。熏烟防治时可根据天气预报和果园实测温度，在霜冻来临前（在园内气温接近0℃时），利用锯末、麦糠、碎秸秆或果园杂草落叶等交互堆积作燃料，堆放后上压薄土层或使用发烟剂（2份硝酸铵、7份锯末、1份柴油充分混合，用纸筒包装，外加防潮膜）点燃发烟。烟堆置于果园上风口处，一般每亩果园4～6堆（烟堆的大小和多少随霜冻强度和持续时间而定）。熏烟时间大体从夜间0时至次日凌晨3时开始，以暗火浓烟为宜，使烟雾弥漫整个果园，至早晨天亮时可以停止熏烟。

（4）喷营养液或化学药剂防霜冻。

① 喷果树防冻剂：在霜冻来临前1～2天，喷果树防冻液加PBO液各500～1000倍液，防冻效果较好。也可喷施自制防冻液（琼脂8份、甘油3份、葡萄糖43份、蔗糖44份、氮磷钾等营养素2份，先将琼脂用少量水浸泡2小时，然后加热溶解，再将其余成分加入，混合均匀后即可使用），喷施浓度为5000～8000倍。

② 喷营养液：强冷空气来临前，对果园喷施芸苔素481、天达2116，可以有效地调节细胞膜透性，较好地预防霜冻。

③ 喷施花椒防冻膨剂：花椒防冻膨剂是根据花椒生理生化特性，选择适宜的微量元素和保水材料为主要原料，配合抑芽剂、生长调节剂等研制的复合制剂，具有防寒抗旱，保花保果的作用。在花椒树上喷施后，通过延缓花椒树春季萌发、调控花芽生长，增强抗逆性，可提高花椒产量和品质，一般可增产30%以上。

一般在3月下旬至4月中旬花椒树发芽—初花期喷树冠2～3次，间隔15天左右，每瓶加水15千克喷用。

④ 在花椒萌芽前给花椒树喷低浓度的乙烯利或萘乙酸、青鲜素等水溶液，也可抑制花芽萌发，提高抗寒力。

第四节 ▶ 冻害发生后的补救措施

一、充分利用好剩余花，提高产量

冻害发生后，树体中剩余的花显得弥足珍贵，由于花芽所处的位置不同，花芽质量是有差异的。在冻害发生后，会有部分开放时间晚、质量好的花避过冻害保存下来，特别是短枝的顶花芽及腋花芽，由于开放较迟，通常情况下受冻较轻，对这部分花芽要充分利用，可通过喷施0.3%硼砂+1%蔗糖液、芸苔素481或天达2116，确保其有效授粉、正常结果，以提高坐果率，促进产量提高。

二、喷水

霜冻发生后及时对树冠喷水，可有效降低地温和树温，从而有效缓解霜冻的危害。

三、喷生长调节剂

花期受冻后，在花托未受害的情况下，喷布天达2116或芸苔素481等，可以提高坐果率，弥补一定产量损失。

四、喷激素

霜冻发生后，及时喷20毫克/千克的赤霉素、600倍0.1%噻苯隆可溶液剂（益果灵）或3.6%苄氨·赤霉酸乳油（宝丰灵）、0.2%的硼砂、250倍PBO等，可显著地提高坐果率。

五、加强土肥水综合管理

及时施用复合肥、硅钙镁钾肥、土壤调理肥、腐殖酸肥等，养根壮树，促进根系和果实生长发育，增加单果重，挽回产量，以减轻灾害损失。

六、加强病虫害综合防控

果树遭受晚霜冻害后，树体衰弱，抵抗力差，容易发生病虫危害。因此，要注意加强病虫害综合防控，尽量减少因病虫害造成的产量降低和经济损失。

第十一章

花果管理

一、花椒落花落果现象及防治

花椒树落花落果有三个高峰,第一次出现在花期末期到子房膨大期,主要是由于花器官发育不全,花器官生活力弱,花期遇冻害、持续阴雨、大风或高温等自然灾害,导致花授粉受精不良而脱落。第二次出现在花后7～15天,主要是由于授粉受精不良或蚜虫危害严重,子房产生的激素不足,不能充分调动营养而导致幼果脱落。第三次出现在花后20～40天,幼果发红脱落,主要是营养不良造成的。花椒开花、受精及幼果发育需要大量养分,这时主要依靠树体上年贮藏的营养。如果营养不足,就会使其中一些受精不完全(红粒)和发育较差的幼果(种子瘦弱)因其吸收营养物质的能力较弱而脱落。

生产中可通过综合措施,提高保留花果的营养水平,减少落果现象的发生。主要措施有:在上年花椒采收后,要保护好叶片,提高叶片制造光合产物的能力,增加光合产物的积累;入冬前施足基肥,保证花器官分化的营养供给,以促使形成优质花芽,提高结实能力;在萌芽、现蕾、谢花后及时补充养分以满足树体快节奏生长结果对养分的需求,一般可通过叶面喷施氨基酸,根施水溶肥等补充树体营养;加强树体调节,减少树体养分的无效消耗,提高保留枝的养分供给能力,提高坐果率;花期气候不良时,可喷50%超级五零2000倍液、0.004%云大芸苔素2000倍液等保果剂，以促进坐果。

二、促红增产

花椒的红度是其品质的主要指标之一，增加红度，是提高品质的重要措施。山东省林科院于1994年研发成功的"花椒增产催红剂"，可有效地促进花椒着色。通常在果实转色期喷施"花椒增产催红剂"，调整采收期，提高产量。可通过分期分批喷施，提高采摘工效。

三、适期采收

花椒一般在"立秋"前后成熟，果实成熟后，色泽由绿白色变为红色或鲜红色。当果实完全变为鲜红色且呈现油光光泽时表明果实充分成熟；如果椒果变红，但不具有鲜红的油光光泽，表明果实尚未完全成熟；若部分果实开裂，红色变暗，失去光泽时，表明过熟。当果实呈现鲜红的油光光泽时，是花椒采收的最佳时期。花椒采收的方法是从果穗总柄处整穗采下，切不可用手指捏着椒粒，否则会压破果皮上的油腺，干制后色泽变暗褐，麻香味减少，品质低。整穗采下后，轻轻放入采果篮里（图11-1），不要装得太多，厚度一般不要超过30厘米，以防压破果皮而影响产品色泽和质量。同时注意选晴朗的天气，露水干后

图11-1　采收花椒

采收，雨天或有露水时采下的椒果，不仅不易晒干，而且麻香味淡，色泽不艳丽。

四、干制及贮藏

将采收干制后的花椒果皮进行晾晒，一般采后如天气晴好，可在园内摊放竹席晾晒（图11-2），一至二天即可晒干。晾晒过程中把杂质除去。去除枝叶、果梗等杂物，用筛子分级定量装入食品塑料袋，封口后即可上市。这样不仅使用方便，洁净，而且可以持久地保持花椒麻香味道。

图11-2 晒椒干制

花椒的主要病虫害及防治措施

花椒规模种植后，形成了以花椒为主的生态群，同时也导致某些病虫形成优势种群，严重危害花椒生产。生产中应加强防治，控制危害，提高花椒产量。

第一节 ▶ 花椒的主要病害及防治措施

一、干腐病

【危害状】主要危害花椒树干基部，也见于树冠上部枝条。初期被害部位树皮出现湿腐状（图12-1），伴有流胶现象，病枝上的叶片开始黄化；后期病斑干缩，开裂，同时出现很多橘红色小点，旧病斑上还会产生许多黑色圆形颗粒。病斑环绕一周后，整枝或整株死亡，是对花椒危害极大的一种病害。

【发生规律】病菌以菌丝体和分生孢子器等在病部越冬。5月初，病斑开始扩展，6～7月病原借风、雨传播，通过伤口入侵。凡是有吉丁虫危害的花椒树，大都有干腐病发生。病害发生还与品种、树龄及立地条件有关。遭遇春旱、倒春寒以及处于低洼涝地的花椒树发病重。5～6月多雨时发病率高。在管理粗放、土壤板结、树干病虫害发生严重的情况下，易发生干腐病，严重时会引起大面积枯死，对花椒生产影响较大。

【防治措施】采用多品种混栽，减少病害蔓延；强化修剪，保证花椒园通风透光，增强树势；生长季加强中耕除草、合理施肥，刨根颈土壤（图12-2），防止土壤板结，抑制病害的发生；避免机械损伤；及时防治天牛、吉丁虫等蛀干害虫；冬季喷3～5波美度石硫合剂，

图12-1　花椒干腐病危害状

并进行树干涂白，可有效预防干腐病的发生。干腐病一般限于皮层，可刮去上层病皮，涂林木长效保护剂进行保护（图12-3）。田间出现

图12-2　刨根颈土壤

图12-3　涂刷林木长效保护剂

病斑后，要及时刮除病斑，刮后用30%戊唑·多菌灵悬浮剂（龙灯福连）100倍液、林木长效保护剂、70%甲基硫菌灵100倍液、50%多菌灵可湿性粉剂100倍液等药剂涂抹，还可用多效霉素20～30倍液，拌成泥浆后涂抹。花椒发芽前后喷3～5波美度石硫合剂；落花后10天开始喷第一遍药，可喷70%代森锰锌可湿性粉剂500～800倍液或40%多菌灵胶悬剂800～1000倍液；生长期间，喷洒50%甲基硫菌灵可湿性粉剂500倍液、10%双效灵250倍液或80%杀菌剂"402"1000倍液，控制危害。

图12-4　花椒黑胫病（流胶病）
危害状

二、黑胫病

【危害状】黑胫病（流胶病）是由真菌引起，主要危害主干和主枝丫枝处，基部重于枝条。主干或主枝受害初期，病部稍肿胀，早春树液开始流动时，从病部流出半透明黄色树胶，尤其雨后流胶现象更为严重。流出的树胶与空气接触后变为红褐色，呈胶冻状，干燥后变为红褐色至茶褐色的坚硬胶块。遇水变软扩散，与新流出的胶液堆积黏附树干。病部易被腐生菌侵染。该病菌具有很强的传染性能迅速引起树干基部韧皮部坏死、腐烂、流胶液，导致叶片黄化及枝条枯死。树干基部发病初期病部出现浅褐色水渍状斑，病斑微凹陷有黄褐色胶汁流出。继续发展后病部缢缩，黑褐色，皮层紧贴木质部，有黑褐色胶汁溢出（图12-4）。干基部被病斑环绕一周后，叶发黄，上部枝干上产生多处纵向裂口，伴有黄褐色胶汁流出，花椒树逐渐枯死。

【发生规律】病菌存在于土壤中，靠土壤和水流传播。病菌从伤口或皮孔侵入而导致花椒树发病。3～11月均可侵染，气温15～25℃、相对湿度85%～90%时，发病严重。当次年气温在15℃左右时，在复活病菌的作用下，病部溢出胶液，病菌分生孢子随着溢出的胶液，通过雨水和风传播，从皮孔、伤口侵入，成为主要菌源。一般一年有2次发病高峰，分别在5月中旬至6月下旬和8月上旬至9月中旬，雨季更严重，入冬后流胶停止。

存在病原菌、环境高湿度或花椒园积水是该病发生的重要条件，在管理粗放、施肥不当、排水不良、土壤黏重、树势衰弱的花椒园黑胫病发生严重。雨季，或是长期干旱后大雨，极易出现流胶现象。树龄大的花椒树流胶现象明显严重于幼龄树。沙壤土和砾壤土通透性好，很少有流胶现象，在黏重土壤和肥沃土壤中栽培的花椒树流胶现象较常见。

【防治措施】利用嫁接苗建园；加强土肥水管理，增施腐熟农家肥，施用化学肥料时要合理搭配氮、磷、钾，以改善土壤理化性状，适当喷施稀土等微量元素，培育健壮树体，增强树体抗病能力；合理修剪，剪下病枝、枯枝后集中烧毁，减少病菌来源；及时清除杂草，增强树势；避免机械损伤；根部堆圆锥形土堆，防止水浸根颈部；进行根部换土。

定植前用40%三乙膦酸铝（乙磷铝）10倍液或70%代森锰锌20倍液浸根；及时防治天牛、吉丁虫等蛀干害虫；冬季喷3～5波美度石硫合剂，并进行树干涂白，有效预防病菌侵入；早春发芽前将流胶部位病组织刮除，伤口涂45%晶体石硫合剂30倍液或5波美度石硫合剂，然后涂白铅油或煤焦油保护；发病初期用10%苯醚甲环唑水分散粒剂（世高）30～50倍液涂抹发病部位及以下根基部2～3次，或在3月底至6月初用75%百菌清可湿性粉剂300倍液浇灌树干基部，对于发病较轻的大枝干上的病斑，用快刀刮除发病树皮，涂抹50%甲基硫菌灵可湿性粉剂500倍液、843康复剂或1%等量式波尔多液消毒，还可用多效霉素20～30倍液，拌成泥浆后涂抹；生长期间，喷洒50%甲基硫菌灵可湿性粉剂500倍液或10%双效灵250倍液。

出现流胶后，刮除流胶并涂抹石硫合剂原液1～2次，也可用生石灰粉涂于流胶处，涂抹5～7天后，流胶便自然消失。流胶树体，还可用猪油或维生素B₆软膏防治。

三、锈病

【危害状】 花椒锈病病原菌是真菌担子菌亚门的花椒鞘锈菌，主要危害叶片。病原菌主要以夏孢子堆在病叶上越冬，也可以多年生菌丝在病芽中越冬。翌年夏孢子借风雨传播到新的叶片上，从叶片正面和背面直接侵入，引起初侵染。发病初期，叶片背面多在中脉两侧及叶片尖端和基部散生淡绿色小点，渐形成暗黄褐色突起，即锈病菌的夏孢子堆。发展到后期，在叶正面与夏孢子堆相对的位置，出现浅绿色小点，使叶面呈现花叶状，严重时表皮破裂，散出黄粉，叶片逐渐失去光泽，布满黄褐色角斑，最后干枯、落叶，导致光合作用受阻，影响产量（图12-5）。

花椒锈病是花椒叶部的重要病害，可引起花椒树叶子提前大量脱落，从而导致花椒树再次萌发新叶。这样不仅影响了当年花椒树的营养积累，而且因二次发叶消耗大量养分，直接影响翌年花椒的产量

图12-5 花椒锈病危害状

和品质，更重要的是对花椒树的寿命有很大的影响。

【发生规律】6月中下旬开始发生，7月～9月上中旬为发病盛期。病菌可通过气流传播，该病的发生与气候条件有密切的关系，与花椒园所处的地理环境、花椒品种也有关。锈病发生得轻重与7～8月份的降雨量密切相关，当7～8月份的空气相对湿度在70%～80%、气温在30℃以上时发病较重，发病率可达80%以上。7月份总降雨量达到250毫米、日平均温度达到30℃时，病害发生早而重，降雨量少于130毫米时，发病晚而轻。凡是地势低洼的地方，锈病发生较重。一片叶从锈病发生至落叶需30天左右，造成全树落叶则需2个月。

【防治措施】春季及时清园，减少病菌来源；合理修剪，保持园内通风透光、空气流畅、空气湿度较小，可减轻锈病的发生；6月初至7月下旬，用15%三唑酮可湿性粉剂600～800倍液、25%丙环唑乳油1000～1500倍液、20%萎锈灵300倍液均匀喷雾。在发病初期可喷施4000～5000倍金力士+800倍柔水通混合液或400倍液的20%萎锈灵乳油、20%三唑酮（粉锈宁）500～800倍液、400克/升氟硅唑乳油（杜邦福星）800～1000倍液，控制锈病的发生和蔓延，每10～15天喷施1次，连喷2～3次，基本可控制危害。在病害盛发期，每隔15天喷施一次25%三唑酮（粉锈宁）1500倍液或50%代森锌可湿性粉剂500倍液、75%甲基硫菌灵可湿性粉剂1000倍液控制危害。在秋季果实采收后或翌年发芽前喷洒一次1：2：600的波尔多液（即硫酸铜500克，石灰1000克，水300升混合后所制）。

四、黑斑病（落叶病）

【危害状】病初叶片正面产生直径1～4毫米圆形黑色病斑，随病情发展叶片上产生大型不规则褐色或黑褐色病斑（图12-6）；叶柄上的病斑呈椭圆形；发病严

图12-6　花椒黑斑病危害状

重时可导致花椒叶枯黄早落。嫩梢染病，产生紫褐色的梭形病斑。

【发生规律】7月下旬至8月初，病害开始发生，首先下部叶片发病，逐步向上扩展。分生孢子借雨水飞溅传播。8月中旬至9月初达发病高峰。

【防治措施】加强苗木检疫，防止病害传播；及时除草施肥，增强树势；整形修剪，降低湿度，剪去病枝；清扫枯枝病叶，集中烧毁，减轻病害发生。7月上旬，花椒采摘后，用70%代森锰锌可湿性粉剂400～500倍液、1∶1∶200的波尔多液、50%甲基硫菌灵可湿性粉剂800～1000倍液喷洒。

五、煤污病

【危害状】发病初期在病部产生黑色疏松霉斑，连片后使枝、叶、果面覆盖一层烟煤状物（图12-7），树体变黑，叶片气孔阻塞，严重影响光合、呼吸、蒸腾作用的进行，导致生长不良，叶片脱落，果实色泽暗，香、麻味淡，品质和产量明显下降，严重时，可使树体干枯死亡。

图12-7 煤污病危害叶片状

【发生规律】煤污病多伴随蚜虫、介壳虫、斑衣蜡蝉的活动而发生。病菌以菌丝及子囊壳在病组织上越冬，第二年飞散出孢子，借由蚜虫、介壳虫、斑衣蜡蝉的分泌物繁殖引起发病。

【防治措施】注意整形修剪，保持树冠通风透光，降低湿度。蚜虫、介壳虫发生严重时，及时剪除被害枝条，集中烧毁。蚜虫、斑衣蜡蝉发生时，喷施2.5%溴氰菊酯（敌杀死）乳油1000～1500倍液或20%甲氰菊酯（灭扫利）乳油800～1000倍液、10%吡虫啉乳油3000倍液。介壳虫发生时，发芽前喷5波美度石硫合剂100倍液；蚜虫、介壳虫同时发生时，在介壳虫雌虫膨大前喷5%柴油800倍液，7月上旬再喷一次。

六、枝枯病

【危害状】主要危害干、枝。病斑常位于大枝基部、小枝分叉处或幼树主干上。初期病斑不明显，后期病斑表皮呈深褐色，边缘黄褐色，干枯而略下陷，微有裂缝，但病斑皮层不解离，也不立即脱落。病斑多呈长圆条形，秋季其上出现黑色病原菌颗粒。当病斑环绕枝干一周时，上部枝条枯死。

【发生规律】病菌以菌丝体在病部越冬，翌年春季引起发病。在高湿条件下易发生，分生孢子借雨水、风和昆虫传播，雨季随雨水沿枝下流，使枝干被侵染而病斑增多，致使枝干干枯。发病程度与管理水平、低温冻害和立地条件有关。

【防治措施】加强管理，合理修剪，减少伤口；清除病枝并集中烧毁，减少病害发生；严格控制蛀干害虫，防止枝干损伤；树干涂白（涂白剂用5份石灰、2份食盐、0.5份硫黄、0.1份油和20份水配制而成），减少病菌侵入；早春喷50%多菌灵可湿性粉剂500～600倍液；深秋或翌年春季发芽前，喷5波美度石硫合剂。发病初期用70%甲基硫菌灵1000倍液或50%代森锰锌500～600倍液均匀喷雾。

七、根腐病

【危害状】花椒根腐病常发生在苗圃和成年花椒园中。是由腐皮镰孢菌引起的一种土传病害。多雨季节或花椒园排水不良时容易发生此病，花椒感病后植株生长势弱，叶小而黄，枝条发育不全，受害植株根部变色腐烂，有异臭味，根皮与木质部脱离，木质部呈黑色，严重的根部腐烂而死（图12-8）。严重时全株死亡。

图12-8 花椒根腐病危害状

【防治措施】

（1）适地种植，避免在排水不畅、环境阴湿的地方种植，保持花椒园通风干燥。

（2）做好苗期管理，严格选地育苗，育苗前用15%三唑酮（粉锈宁）500～800倍液进行土壤消毒。采用高床深沟育苗法，重施基肥，提高植株抗性。及时拔除病苗，控制病菌来源，防止病情扩散。

（3）移苗时用70%甲基硫菌灵500倍液浸根24小时，用生石灰消毒土壤，并用70%甲基硫菌灵500～800倍液或15%三唑酮500～800倍液灌根。

（4）4月用15%三唑酮300～800倍液灌根成年树，能有效阻止发病。夏季灌根能降低发病的严重程度，冬季灌根能减少越冬的病原菌。

（5）及时挖除病死根、死树，并烧毁，消除传染源。

（6）加强肥水管理，增强树势，提高花椒树体抗病力。

（7）多雨季节注意排水，防止花椒园积水。

（8）发病初期，用70%甲基硫菌灵可湿性粉剂500～800倍液或70%代森锰锌可湿性粉剂500～800倍液喷施根部。

八、膏药病

【危害状】花椒膏药病是花椒的一种常见病，主要发生在枝条上，因为病部菌丝密集交错，形成圆形或椭圆形不规则膜，紧贴在花椒树枝干上，与膏药相似，所以称为膏药病（图12-9）。发病处有灰黑色、茶褐色、紫褐色圆形或椭圆形不规则病斑，上面覆盖像薄纱一样的

图12-9　花椒膏药病危害状

霉状物。轻者使枝干生长不良，挂果少；重者导致枝干枯死。在很多地区，花椒枝干及整株枯死，挂果少，结果小都与膏药病有关。膏药病属于真菌性病害，膏药病的发生与树龄、环境湿度及品种有关。据调查，花椒膏药病主要发生在荫蔽、潮湿的成年椒园；另外，该病发生与介壳虫危害有关，膏药病菌以介壳虫分泌的蜜露为营养，故介壳虫危害严重的花椒园，膏药病发病也严重。

【防治措施】

（1）加强管理，适当修剪，除去枯枝落叶，降低花椒园湿度。

（2）控制栽培密度，尤其是在盛果期老熟花椒园，密度过大、田间荫蔽时应适当间伐。

（3）用4～5波美度石硫合剂涂抹病斑。

（4）加强介壳虫的防治。冬季喷5%柴油乳剂，芽膨大期喷45%晶体石硫合剂30倍液或含油量4%～5%的机油乳剂。

图12-10 花椒溃疡病危害状

图12-11 花椒炭疽病危害状

九、溃疡病

【危害状】花椒溃疡病是仅次于流胶病的又一重要枝干病害。该病害主要危害树冠下部大枝条或主干，产生大的溃疡斑。该病是由瘤座孢科，镰刀菌属的一种真菌引起。病斑常环绕树干，造成整枝枯死（图12-10）。

【防治措施】

（1）清除病残体　及时锯掉已枯死的病枝，将其集中焚毁。

（2）药剂防治　对活树上的病斑，于早春或秋末用80%三氯异氰尿酸可溶粉剂（索利巴尔）原液喷雾，然后再用稀泥敷盖，可起到减少侵染源的作用。还可用高效涂白保护剂对健康树涂干可起到保护作用。对各种伤口用果树高效消毒剂进行消毒，再涂抹流胶威农药。

十、炭疽病

【危害状】该病危害花椒果实、叶片及嫩梢。发病初期，叶片、果实表面有数个褐色小点，呈不规则状分布（图12-11）。后期病斑变成深褐色或黑色，呈圆形或近圆形，中央下陷。如天气干燥，病斑中央灰色；阴雨高温天气，病果上小黑点呈粉红色突起，即病原菌分生孢子堆。该病造成花椒落果、落叶、嫩梢枯死，对翌年坐果有很大影响。

【防治措施】

（1）加强花椒园栽培管理，及时除草松土，促进花椒树旺盛生长。

（2）进行整形修剪，保持花椒园通风透光。

（3）进行药剂防治。在4～5月间可喷一次80%三氯异氰尿酸可溶粉剂（索利巴尔）或3%甲霜·噁霉灵水剂（绿亨育苗壮）300～500倍液。7月份可喷1：1：100波尔多液或80%三氯异氰尿酸可溶粉剂（索利巴尔）、3%甲霜·噁霉灵水剂（绿亨育苗壮）进行防治。

第二节　花椒的主要虫害及防治措施

一、蚜虫

【危害状】危害花椒的蚜虫种类多，均以成蚜或若蚜群集在花椒的细嫩部分危害，刺吸各部位的营养汁液。被害叶片出现黄色斑点和皱缩现象，光合功能降低，导致生长发育缓慢，严重发生时叶片变黄干枯，植株死亡（图12-12）。

蚜虫还是传播病毒的媒

图12-12　花椒蚜虫危害状

介，携带病毒的蚜虫在吸食花椒汁液时，将病毒传给花椒，受害叶显现出"明脉""花叶"或"枯斑"，导致生长停滞、畸形，造成重大损失。

蚜虫排泄的大量蜜露，污染花椒叶面，还能诱发煤污病。

【发生规律】蚜虫1年发生多代，以有翅蚜迁飞，以有翅蚜或无翅蚜孤雌繁殖，以无翅蚜和若蚜危害。越冬蚜虫在春季气温回升后开始活动，随着气温升高虫口密度迅速增加。10月份后随着气温下降，虫口密度逐渐下降，进入越冬状态。

【生育习性】

（1）发育历期短，繁殖速度快　在适宜的温度条件下，完成一个世代仅需要5～6天。每头成蚜在适宜温度条件下15天内即可产仔90余头，短时间内蚜虫数量剧增。

（2）迁飞性和趋黄性　当蚜虫处于营养不良、温湿度不适、密度大的生存条件下时，易产生大量有翅成蚜，表现迁飞和扩散习性。迁飞中的蚜虫对黄色具有很强的趋性，对银灰色具有很强的驱避习性。

（3）聚集性和趋嫩性—蚜虫具有聚集危害的特点，绝大部分聚集于枝梢顶部和分枝细嫩的花梗上，形成"蚜棒"。

（4）传毒致病　蚜虫是病毒的主要传播媒介，吸食带毒植株的有翅蚜通过迁飞传毒而引起病害。

【防治措施】

（1）农业防治　秋末及时清洁花椒园，拔除园内杂草，减少蚜虫越冬场所；花椒生长期，加强田间管理，及时清除花椒园内的杂草，以减少蚜虫来源。

（2）物理防治　利用有翅成蚜对黄色、橙黄色有较强趋性的特点，可直接悬挂黄板诱杀；根据蚜虫对银灰色有较强驱避性的特点，可在花椒田悬挂银灰色塑料条或在花椒园覆盖银灰色地膜驱避蚜虫。

（3）生物防治　蚜虫的天敌较多，有瓢虫、食蚜蝇、蚜茧蜂、草蛉、蚜霉菌、蜘蛛等，生产中应加以保护和利用，以发挥天敌对蚜虫的自然控制作用。

（4）化学防治　在蚜虫发生初期，当田间蚜虫发生在点片阶段时，可用10%吡虫啉可湿性粉剂3000倍液或3%啶虫脒乳油2500倍液、1%除虫苦参碱微囊悬浮剂600倍液进行喷雾；在花椒生长期若蚜虫发生严重，可选用1.8%阿维菌素2000倍液或10%吡虫啉可湿性粉剂3000倍液喷雾防治。

二、花椒瘿蚊

【危害状】花椒瘿蚊也叫椒干瘿蚊。该虫危害花椒嫩枝和幼叶，叶片受害后，叶缘向上卷曲，嫩叶呈筒状，由绿变紫红色，质脆、硬，受害叶后期变为褐色或黑色，叶柄出现离层而脱落；嫩枝受害后因受刺激引起组织增生，形成柱状虫瘿（图12-13），使受害枝生长受阻，后期枯干，而且常使树势衰弱而死亡。

图12-13　花椒瘿蚊危害状

【形态特征】成虫虫体似蚊，体橙红色。雌虫体长 1.4～2.0毫米。头、胸灰黄色，胸背隆起，触角灰黑色，腹部共8节；雄虫略小，体长 1.1～1.3毫米，灰黄色，触角发达，腹部细长。卵近圆锥形，长 0.3毫米，半透明，初产卵白色，后呈红色，具光泽。幼虫蛆状，长 1.5～2.9毫米，乳白色，无足。蛹为裸蛹，纺锤形，长 1.5～2.0毫米，黄褐色，头部有角刺1对。茧长椭圆形，长2毫米，丝质，灰白色，外粘土粒。

【发生规律】1年发生 5～6代，秋季以老熟幼虫入土 2～5厘米作茧越冬。次年花椒芽萌动后越冬幼虫出土到附近地面处另作茧化蛹。12天左右羽化为成虫，交尾产卵。卵产于筒状幼叶的缝隙中，数粒至十余粒产在一起。幼虫孵化后刺吸叶汁，使被害处的叶片组织肿胀，之后变红、变硬、变脆。幼虫老熟后钻出叶筒入土结茧化蛹羽化，发生下一代。各代卵期 3～6天，幼虫期 8～13天，蛹期 6～12天，成虫期 1～2天。每代历期 19～22天，越冬代有的地区历期270天。越冬茧入土深度因土质、气候条件不同而异，黏质土 2～3厘米，沙质土 3～5厘米；多雨季节比干旱季节浅一些。1片卷叶中常有幼虫几头至十几头。日温 23～27℃为瘿蚊发育最适温度，全年危害高峰可达 5～6次，后期较轻。

【防治措施】剪去虫害枝，并在修剪口及时涂抹愈伤防腐膜保护伤口，防止病菌侵入，及时收集病虫枝烧掉或深埋；在花椒芽萌动期（约4月中旬）越冬代成虫羽化前，树下地面撒二溴磷粉剂，每株 25～50克，撒后轻耙混匀，毒杀出土幼虫；5月上中旬成虫出现期，树体喷洒48%毒死蜱（乐斯本）乳油1500倍液或2.5%溴氰菊酯乳油2000倍液，杀灭成虫及虫卵，每10天用药一次，共喷 2～3次；秋季地面喷48%毒死蜱（乐斯本）1500倍液，结合翻园，消灭越冬虫源；11月底，土壤封冻前，将树盘浅翻，将虫蛹翻至土表，冻死入土虫蛹，消灭越冬虫源。

三、花椒天牛

【危害花椒的天牛种类】花椒天牛俗名叫钻心虫。危害花椒的主要是虎天牛、星天牛、橘褐天牛、桃红颈天牛等（图12-14）。其中以虎天牛危害最常见。

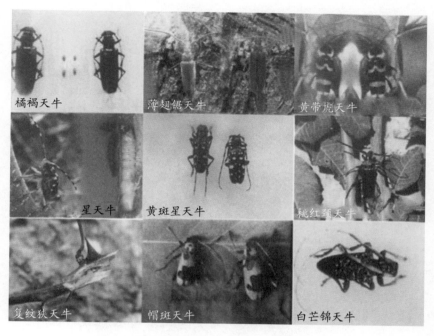

图12-14　危害花椒的天牛种类

【虎天牛的形态特征】虎天牛成虫体长19～24毫米，体黑色，全身有黄色绒毛。头部密布细点刻，触角11节，约为体长的1/3。足与体色相同。在鞘翅中部有2个黑斑，在翅面1/3处有一近圆形黑斑。卵长椭圆形，长1毫米，宽0.5毫米，初产时白色，孵化前黄褐色。初孵幼虫头淡黄色，体乳白色，2～3龄后头黄褐色，大龄幼虫体黄白色，节间青白色。蛹初期乳白色，后渐变为黄色。

【花椒虎天牛发生规律及危害】花椒虎天牛两年发生一代，多以幼虫越冬。成虫咬食花椒枝叶，产卵繁殖，幼虫钻蛀树干，上下蛀食，引起椒树枯死，造成花椒减产，为害严重。5月成虫陆续羽化，6月下旬成虫爬出树干，咬食健康枝叶。成虫啃食树干皮层，呈不规则块状伤疤，产卵刻槽多在1.5厘米左右粗的枝条上，呈"U"形，或在树皮裂缝的深处，每处1～2粒。成虫在晴天和雨前闷热时最活跃。7月中旬交尾，每个雌虫一生可产卵20～30粒。一般8月至10月卵孵化，幼虫在树干里越冬。次年4月幼虫在树皮部分取食，虫道内流出黄褐色黏液，俗称"花椒油"。5月幼虫钻食木质部，在枝干髓部蛀成纵向虫道，每隔一定距离向外有一圆形排粪孔，并将粪便排出虫道（图12-15）。幼虫共5龄，以老熟幼虫在蛀道内化蛹。6月，受害花椒树开始枯萎。

图12-15　天牛危害状

【防治措施】

（1）清除虫源　及时收集当年枯萎死亡植株，集中烧毁。

（2）投放天敌　川硬皮肿腿蜂是花椒虎天牛的天敌，在7月的晴天，按每受害株投放5～10头川硬皮肿腿蜂的标准，将该天敌放于受害植株上。实践证明，应用川硬皮肿腿蜂防治花椒虎天牛效果良好。

（3）人工捕杀　7月份为成虫大量羽化期，可人工捕杀成虫；及时挑除枝叶上的虫卵；找出最新排粪孔，用铁丝除去粪便、木屑，钩杀幼虫；清除虫害严重、已无产花椒能力的枯树或枯枝，集中烧毁；找出最新排粪孔，用铁丝除去粪便、木屑，用48%毒死蜱或2.5%溴氰菊酯50倍液等注射到虫孔中，用泥封口（图12-16）；7月份成虫出现之前，将新鲜的半夏叶子团成小球形，塞入虫孔，用泥封口。

（4）适期喷药防治　成虫羽化盛期，树冠喷洒10%吡虫啉乳油2000倍液或2.5%溴氰菊酯2000倍液，杀灭虫卵。

图12-16　注射药剂防治蛀干害虫

四、吉丁虫

【危害状】以幼虫蛀食枝干皮层，影响养分疏导，削弱树势。低龄幼虫在枝干皮层内越冬。3～4月气温转暖后，越冬幼虫继续在

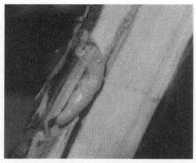

图12-17 花椒吉丁虫幼虫危害状

图12-18 花椒吉丁虫成虫

枝干皮层内串食为害，受害枝干皮层有充满虫粪的虫道，表皮水渍状，虫疤上有两排小孔，有红褐色树液渗出，干后呈黄色胶滴，被害处皮层枯死变黑，稍下陷，树皮翘裂，最后呈黑褐色坏死伤疤（图12-17）。一般向阳面的侧枝受害较多，4～5月份幼虫为害最严重，造成枝条枯死，幼树则整株死亡。

【形态特征】成虫：全体紫铜色，有光泽。体长5.5～10毫米，雌虫体长7～10毫米，雄虫略小，头短而宽。前胸背板横长方形，鞘翅后端收窄，体似楔状（图12-18）。

卵：长约1毫米，椭圆形扁平，初产时乳白色，后变黄褐色。

幼虫：体长15～22毫米，体扁平。头部和尾部为褐色，胸腹部乳白色。头大，大部分缩入前胸。节间明显收缩，前胸特别宽大，中胸特小。腹部第七节最宽，胸足、腹足均已退化（图12-19）。

蛹：长6～10毫米，纺锤形，淡褐色。

【发生规律】一般一年1代，3～4月越冬幼虫在枝干皮层内串食，5～6月老熟幼虫蛀入木质部并作蛹室化蛹。蛹期12～16天。

图12-19　花椒吉丁虫幼虫

成虫羽化后咬穿皮层外出，7月中旬至8月上旬为盛发期。成虫取食树叶，咬成缺刻，喜阳光，遇惊扰有假死习性，多在晴天中午活动，交尾产卵，卵多散产在枝条向阳面不光滑处。7月下旬幼虫孵化，即蛀入皮下食害形成层，至11月间，在原处作茧越冬。

【防治措施】

（1）强化检疫　花椒吉丁虫是检疫对象，可随苗木传到新区，应加强苗木出圃时的检疫工作，严禁带虫苗木调运，防止传播。

（2）保护天敌　花椒吉丁虫在老熟幼虫和蛹期，有两种寄生蜂和一种寄生蝇，在不经常喷药的果园，寄生率可达36%。在秋冬季，约有30%的幼虫和蛹被啄木鸟食掉。因此可引进和保护天敌，减少用药。

（3）人工防治　利用成虫的假死性，人工捕捉落地的成虫；清除死树，剪除虫梢，于化蛹前集中烧毁；危害严重时，及时锯掉被害枝干；人工挖虫，冬春季节，将虫伤处的老皮刮去，用刀将皮层下的幼虫挖出，然后涂5波美度石硫合剂，既保护和促进伤口愈合，又可阻止其它成虫前去产卵。有条件的果园可以利用频振式杀虫灯诱杀该虫。

（4）涂药熏蒸治幼虫　幼虫在浅层为害时，应反复检查，发现树干上有被害状，用48%毒死蜱乳油10倍液或48%毒死蜱乳油1000倍液和煤油按1∶（15～20）的比例混合后，用毛刷在树皮流出胶液的被害部位刷一刷即可。在幼虫活动期间，将卫生球切成大米粒大小（一个卫生球切15块左右），找出蛀干孔口，掏净粪便和木渣，往孔内塞4～6粒卫生球碎块，然后用泥封口，以防气味漏出，一周后检查，如有新的粪便和木渣，再重复防治一次。

　　（5）成虫羽化盛期树上喷药杀成虫　在花椒吉丁虫发生严重的果园，单靠防治幼虫往往还不能完全控制其为害，应在防治幼虫的基础上，在成虫发生盛期连续喷药，用90%杜诺4000倍液+10%吡虫啉4000倍液或0.6%阿维菌素（虫螨光）2000倍液全园喷洒2～3次。

五、花椒介壳虫

　　【危害花椒的介壳虫种类及危害状】花椒介壳虫是同翅目蚧总科为害花椒的蚧类统称，有草履蚧、桑盾蚧、杨白片盾蚧、梨园盾蚧等。介壳虫侵害植物的根、树皮、叶、枝和果实。常群集于枝、叶、果上。成虫、若虫以针状口器插入果树叶、枝组织中吸取汁液（图12-20），造成枝叶枯萎，甚至整株枯死，并能诱发煤污病，危害极大。

图12-20　介壳虫危害状

【形态特征】体型多较小，雌雄异型，雌虫固定于叶片和枝干上，体表覆盖蜡质分泌物或介壳。一般介壳虫产卵于介壳下，初孵若虫尚无蜡质或介壳覆盖，在叶片、枝条上爬动，寻求适当取食位置。2龄后，固定不动，开始分泌蜡质或介壳。

【发生规律】花椒蚧类一年发生一代或几代，5月、9月均可见大量若虫和成虫。

【防治措施】由于蚧类成虫体表覆盖蜡质或介壳，药剂难以渗入，防治效果不佳。因此，蚧类防治重点在若虫期。生产中应抓好以下防治措施的落实，以提高防治效果。

（1）认真清园　消灭在枯枝、落叶、杂草与表土中越冬的虫源。

（2）人工防治　介壳虫自身传播扩散力差，在生产过程中，发现有个别枝条或叶片有介壳虫，虫口密度小时，可用软刷轻轻刷除，或结合修剪，剪去虫枝、虫叶。要求刷净、剪净、集中烧毁，切勿乱扔。

（3）药剂防治　冬季果树休眠以后或早春萌芽前用5波美度的石硫合剂加适量白灰对果树枝干进行刷白，以消灭越冬的介壳虫。在萌芽前喷施含油量5%的柴油乳剂（柴油乳剂的配制方法为柴油：肥皂：水=100：7：70，先将肥皂切碎，加入定量水中加热，待完全溶化后，再将已热好的柴油注入热肥皂水中，充分搅拌即成）也有很好的防治效果。休眠期在树枝上涂30～50倍的95%机油乳剂，也可先刮去茎干表皮再涂药，在离地50厘米处刮去一圈宽10厘米左右的表皮，深度稍达韧皮部，再用利刀纵割数刀，然后把药刷在刮皮处，药剂可用吡虫啉等，每厘米胸径用10～20倍稀释液2毫升左右。介壳虫在若虫孵化后，先群居取食，爬行一段时间后即固定危害，一般固定3～7天后就可形成介壳，介壳形成后的几天体壁软弱，是药剂防治的关键时期。因而应在蜡质层未形成或刚形成时，选用渗透性强的药剂如40%啶虫·毒死蜱1500～2000倍液、40%杀扑磷（速扑杀）1000倍液或48%毒死蜱（乐斯本）1000～1500倍液、0.6%苦参碱800倍液、40%融蚧乳油1500～2000倍液喷雾防治，或用40%啶虫·毒死蜱1500～2000倍+5.7%甲氨基阿维菌素苯甲酸盐（甲维盐）乳油2000倍混合液防治效果更佳。发生期每7～10天喷一次，连续喷2～3次。由于介壳虫分布不均匀，可重点对介壳虫发生严重的树体喷药。

（4）保护和利用天敌　如捕食吹绵蚧的澳洲瓢虫、大红瓢虫，寄生盾蚧的金黄蚜小蜂、软蚧蚜小蜂、红点唇瓢虫等都是有效天敌，可以用来控制介壳虫的危害，应加以合理的保护和利用。

（5）诱杀越冬虫体　采果后至落叶前，在树干上绑草，树盘覆草，诱集雌成虫在其中产卵，冬季将其集中烧毁，以减少越冬虫卵基数，为翌年防治打好基础。

六、花椒红蜘蛛（山楂叶螨、山楂红蜘蛛）

【危害状】主要危害花椒树的叶片、嫩芽和幼果。叶片受害时，红蜘蛛群居叶背面，吐丝拉网，丝网上黏附微细土粒和卵粒；叶正面出现许多苍白色斑点，受害严重时，叶背面出现铁锈色症状，进而脱水硬化，全叶变黄褐色枯焦，形似火烧。受害严重的果园，6～7月间大部分叶即可脱落，促使受害果树二次开花发芽，受害严重的芽，不能继续生长而枯死。

【形态特征】雌成螨体卵圆形，长0.55毫米，体背隆起，有细皱纹，有刚毛，分成6排。雌虫有越冬型和非越冬型之分，前者鲜红色，后者暗红色（图12-21）。雄成虫体较雌成虫小，约0.4毫米。卵圆球形，半透明，表面光滑，有光泽，橙红色，后期颜色渐渐浅淡。

初孵化幼螨足3对，体圆形黄白色，取食后卵圆形浅绿色，体背两侧出现深绿长斑。若螨体近卵圆形，足4对，淡绿至浅橙黄色，体

图12-21　山楂叶螨

背出现刚毛，两侧有深绿斑纹，后期与成螨相似。

【发生规律】螨类的发育繁殖适温为15～30℃，属于高温活动型。在热带及温室条件下，全年都可发生。温度的高低决定了螨类各虫态的发育周期、繁殖速度和产卵量的多少。干旱炎热的气候条件往往会导致其大发生。螨类发生量大，繁殖周期短，隐蔽，抗性上升快，难以防治。山楂叶螨一年发生6～9代，以受精雌成螨主要在树干翘皮下和粗皮缝隙内越冬，严重年份也可在落叶下、杂草根际及土缝中越冬。在花椒发芽时开始危害。第一代幼虫在花序伸长期开始出现，盛花期危害最盛。交配后产卵于叶背主脉两侧。花椒红蜘蛛也可孤雌生殖，其后代为雄虫。

花椒红蜘蛛每年发生轻重与该地区当年的温湿度有很大的关系，夏季高温干旱有利于发生，夏季低温多雨，叶螨数量显著减少，暴雨有机械杀伤叶螨的作用。

在自然情况下，高温干旱季节，叶螨数量虽然有增高的可能性，但也不一定达到猖獗成灾的程度，主要是天敌起到了制约作用。

药物也是影响叶螨消长的重要因素之一。有些杀虫剂对叶螨不但没有杀伤能力，反而有刺激其繁殖的副作用，使叶螨发育加快，产卵增多，并且杀伤大量天敌；低毒、广谱性杀虫剂的应用虽然消灭了大量的叶螨，同时也杀伤了大量天敌，剩余的叶螨在失去天敌制约的情况下，一旦气候适宜，极易成灾。

【防治措施】由于螨类具有繁殖率高、适应性强、易产生抗药性等特点，生产中防治难度较大，要以休眠期防控为基础，重点抓住前期药剂防治；而后根据害螨发生情况，灵活掌握喷药。

（1）人工防治　花椒萌芽前，彻底刮除树干老皮、粗皮、翘皮，在主干上选一个光滑部位，将翘皮刮除一圈（宽约5厘米），然后涂1圈粘虫胶，阻止越冬雌虫上树产卵，认真清理果园内的枯枝、落叶、杂草，并集中深埋或烧毁，消灭害螨越冬场所。生长季节注意清除园内杂草，特别是阔叶杂草；及时剪除树干和内膛萌发的徒长枝，减少害螨滋生场所，降低树上虫口数量。雌成虫越冬前，在树干基部、大枝基部绑草把，诱集越冬成虫，冬季集中烧毁，降低害螨越冬基数。

（2）化学防治

① 防治指标：在果实生长发育前期及花芽形成阶段（7月中旬前），当越冬卵孵化到50%～80%，叶均活动螨4～5头时，就应及时进行药剂防治。在果实生长中后期有红蜘蛛的叶片达30%以上，叶均活动螨7～8头时，就应进行防治。同时在防治螨类时要考虑天敌与害螨的比例，如天敌与害螨的比例在1∶30以上时，天敌完全可以控制害螨的危害，可不必用药，当天敌与害螨的比例达到1∶（30～50）时暂缓用药，当天敌与害螨的比例达到1∶50以下时要及时用药。

② 防治的关键时期：根据红蜘蛛的危害规律，一年中有两个关键防治时期，一是花椒花序分离期，这时是越冬成虫出蛰盛期、越冬卵孵化盛期，害螨较集中，便于集中杀灭；二是落花后7～10天，是第一代卵孵化盛期和成螨产卵盛期，害螨也较集中，虫态单纯，便于防治，以后各世代重叠发生，防治难度加大。

③ 具体用药：

a.休眠期药剂防治：硫制剂对各种害螨防效较好，在花椒树萌芽前，应用3～5波美度石硫合剂或20号柴油乳剂30倍液，周密喷洒枝干。花椒芽萌动后发芽前，全园喷施1次20%四螨嗪（螨死净）可湿性粉剂3000～3500倍液、5%噻螨酮（尼索朗）乳油2000～3000倍液，杀灭树上越冬的各种害螨的越冬卵，喷杀螨剂时最好加3000～4000倍柔水通，能增加渗透黏着力，喷时应着重喷洒枝干及树冠下土壤和杂草等部位，喷雾必须均匀周到。

b.生长期药剂防治：在花椒萌芽后至开花前成虫出蛰盛期和落花后7～10天害螨数量急剧增加，形成危害高峰，这两个是防治关键期。此期用药及时得当，可获得事半功倍的防治效果，后期再喷用1～2次药剂即可控制害螨全年为害。生长中后期（尤其是6～8月份），根据不同害螨发生趋势与状况，酌情决定喷药时间及次数，一般掌握平均每叶有活动螨3～5头时进行喷药。对螨类防治效果好的药剂有1.8%阿维菌素乳油4000～5000倍液、73%的炔螨特（克螨特）乳油2000～4000倍液、25%的哒螨灵（扫螨净）600～800倍液、20%的甲氰菊酯（灭扫利）乳油3000～6000倍液、5%噻螨酮乳油2000～3000倍液、20%四螨嗪可湿性粉剂2000倍液、15%哒螨灵乳油2500倍液、50%硫悬浮剂400倍液等喷雾。上述药剂应轮换使用，以防红蜘蛛产生抗药性。最好在芽萌动期喷一次9.5%喹螨醚（螨即死）300倍液+5%噻螨酮（尼索朗）4000倍液或柴油乳剂300倍液+5%噻螨酮（尼索朗）4000倍液（或20%四螨嗪3000倍液），花后一周喷9.5%喹螨醚（螨即死）4000～5000倍液。花后7～10天要选杀卵力强、既杀卵又杀幼螨、若螨、成螨的药剂，可喷9.5%喹螨醚（螨即死）4000倍液或20%四螨嗪3000倍液+1.8%阿维菌素5000倍液、20%哒螨灵（扫螨净）3000倍液+20%三唑锡2000倍液喷防。喷药时，必须均匀周到，使内膛、外围枝叶，叶片正反面，树上枝条均匀着药，最好采用淋洗式喷雾；若在药液中加入柔水通2500倍，杀螨效果更好；注意不同药剂交替使用，避免或延缓害螨产生抗药性。另外，喷药防叶螨时，也要对果园内杂草进行喷药。在7～8月份害螨发生猖獗期对树体郁闭、虫口密度大、受害重控制难的果园，应加大用药量，缩短喷药间隔期，依据高温适期红蜘蛛5～6天发生一代的情况，最好一周内连续喷药两次。

④ 提高防治螨类效果的措施：通常螨类易产生抗药性，若害螨对某种杀螨剂产生了抗性，就意味着该药剂的药效降低甚至无效。产生抗药性的原因较多，在同一地区长时间、大面积单一使用同种农药，或高浓度用药、用药次数过于频繁、间隔时间过短，会对螨类产生巨大的选择压力，迫使其产生变异而较快地产生抗药性，成、若螨高峰期用药也易产生抗药性。因而在防治螨类时要注意药剂的交替使用。同时在喷药防治时要严格控制用药时间，如果用药过迟，就会影响防治效果。另外喷药时要细致周到，防止漏喷，一旦漏喷，极易导致螨类反复发生。

（3）生物防治　当天敌数量与活动螨数量的比在1∶30以上时，不需要进行化学防治，生产中要积极保护利用天敌，如捕食螨、六点蓟马、隐翅甲、小黑瓢虫、异色瓢虫、草蛉、食虫蝽、肉食螨等，通过天敌控制危害。

七、花椒跳甲

【危害状】危害花椒的跳甲主要有铜色跳甲（图12-22）、红胫潜跳甲、蓝色橘潜跳甲等。它们均以幼虫潜入叶内，取食叶肉组织，使被害叶片出现块状透明斑，当受害叶片发黄枯焦时迁移到健康叶上继续取食。危害严重时，受害树的叶片几乎全被取食，花椒叶全部焦枯，似火烧状（图12-23），对翌年花椒产量影响极大。

图12-22　铜色跳甲成虫　　　　图12-23　花椒铜色跳甲危害状

【防治措施】

（1）人工捕杀　8月下旬气候渐凉，成虫多在嫩梢处危害，很不活跃，利用人工振落，进行捕捉，效果良好。防治越冬代成虫是减少跳甲危害的关键。

（2）采取综合防治措施，加强栽培管理，控制虫口基数　在冬季来临前清除烧毁杂草枯叶、换土施肥、浇灌冬水等，可破坏害虫越冬场所，使部分成虫暴露于土面，冷冻致死，尤其是冬前结合换土施肥进行一次灌水，成虫死亡率达40%～60%；进行树干涂白；冬季喷3～5波美度石硫合剂；土壤解冻后及时深翻树盘，把蛹翻到土壤深处，使其不能出土；实行覆膜栽培，抑制其出土；4月上中旬，个别跳甲出土活动时，在树冠范围内喷50%辛硫磷乳油300倍液，跳甲4月下旬大量出土时，树体喷3%啶虫脒2000倍液或2.5%溴氰菊酯2000倍液，杀灭越冬成虫。

（3）适期用药防治　在幼虫危害期喷20%氰戊菊酯乳油2000～3000倍液防治，一般间隔7～10天喷一次，连喷2～3次。在秋季花椒第二次旺长时，跳甲正是产卵期，用高效农药灭多威400～500倍液可杀死成虫及虫卵。

八、花椒金龟子

【危害状】危害花椒的主要是铜绿金龟子。该虫为杂食性害虫，除为害花椒外，还为害其它果树和农作物。幼虫在土中为害植物根系，造成苗木缺株断垄；成虫为害树叶及幼果，发生严重时，能将嫩叶吃光，对树木生产影响很大。

【形态特征】成虫体长15～20毫米，宽8～11毫米，背面大部分铜绿色（图12-24），有光泽，在6～7月达危害高峰。成虫白天隐伏于灌木、草丛及表土内，黄昏时飞出交尾取食，夜间9～10时为活动高峰，尤以闷热无雨的夜晚活动最盛。

【防治措施】

（1）每亩用2千克5%辛硫磷颗粒剂，或辛硫磷+炉渣颗粒剂（即75%辛硫磷250克+水2.5千克，拌炉渣25千克），进行土壤处理，然后再育苗。

（2）越冬成虫出土高峰期，用20%灭多威400～500倍液，于下午14时至晚间21时，喷洒成虫出土聚集较多

图12-24　金龟子成虫

地段。

（3）黑光灯诱杀成虫。晚间20～23时开灯，在黑光灯周围半径10米以内地面喷施48%毒死蜱1000倍液，以杀死落地的金龟子。

（4）成虫大量发生时，树上喷48%毒死蜱1000倍液，效果很好。

九、蜗牛

【危害状】蜗牛用齿舌刮食叶片，将叶片食成孔洞或缺刻，严重影响光合作用的进行，不利于光合产物积累，导致花椒树产量下降（图12-25）。

【发生规律】蜗牛一般一年发生一代，以成贝或幼贝在潮湿阴暗处越冬，春季花椒树展叶后开始上树为害，到了夏季干旱季节便隐蔽起来，常常分泌黏液形成蜡状膜将壳口封住，暂时不吃不动，干旱季节过后又恢复活力，继续为害，11月逐步转入越冬状态。蜗牛为雌雄同体，异体受精或同体受精，每一个体均能产卵，每一个成体可产卵30～200粒，卵粒成堆，多产于潮湿疏松的土里或枯叶下，4～5月或9月产卵量较大，卵期14～31天，若土壤过分干燥，卵不能孵化。如将卵翻至地表，接触空气后易爆裂。蜗牛喜阴湿，如遇雨天，昼夜活动为害，而在干旱情况下，白天潜伏，夜间活动。

【防治措施】

（1）人工捕捉　根据蜗牛

图12-25　蜗牛上树危害

喜阴暗潮湿、雨后大量活动的习性，捕捉植株上的蜗牛，集中处理；可在天晴后锄草松土，清除树下杂草、石块等，破坏其栖息地的环境；在春、夏、秋季进行中耕除草、整形修剪时，及时处理发现的蜗牛，减少其基数。

（2）药物防治　在蜗牛大量发生时喷施6%四聚乙醛（蜗牛敌）颗粒剂、8%四聚乙醛（灭蜗灵）颗粒剂、10%四聚乙醛颗粒剂每公顷25～30千克，拌细沙土100～120千克，于晴天傍晚、雨后天晴时撒施于树下或树干周围草丛中。一旦蜗牛爬到植株上部，傍晚可用喷雾型四聚乙醛（密达、蜗牛灵）颗粒剂25克兑水15千克，均匀喷在蜗牛附着位置，注意叶片的正反面均要喷施。在幼虫期可喷50%四聚乙醛（蜗克星）可湿性粉剂防治。

第三节　花椒生产中的药害及防治措施

一、药害的诊断

药害可发生在植株地上部分的各个部位，以叶果发生最普遍。萌芽期发生药害，发芽晚，且发芽后叶片多呈"柳叶"状。叶片生长期发生药害，因导致药害的原因不同而症状各异。药害轻时，叶背面叶毛呈褐色枯死，在容易积累药液的叶尖及叶缘部分常受害较重；药害严重时，叶尖、叶缘甚至全叶变褐枯死。有时叶片生长受抑制，扭曲畸形，或呈丛生皱缩状，叶片厚、硬、脆。果实发生药害，果皮硬化，导致果实畸形。枝条发生药害，造成枝条生长衰弱或死亡，甚至全树因树皮坏死而枯死。

花椒生产中由于除草剂使用广泛，药害发生率较高。除草剂造成的药害多表现为植株矮小，枝、叶、花、果畸形，茎间短而易发新梢，生长点失绿，变黄，甚至枯焦死亡，叶片失绿，卷曲，叶边缘枯焦，叶小而丛生等，严重的造成落叶、落花、落果甚至二次开花，新栽果树死亡。

二、药害发生原因

药害发生的原因比较复杂，主要是由于化学药剂使用不当造成的。当使用高浓度药剂时，叶片或果实不能承受药剂的伤害而发生药害。当喷洒药液量过大时，由于局部积累药剂过多，也容易形成药害。有些药剂安全性较差，使用不当很容易发生药害。

药害的发生，除与药剂本身有关外，还与环境条件、叶片和果实的发育阶段有密切关系，如在连续阴雨潮湿的气候条件下喷施波尔多液，易使碱式硫酸铜中的铜离子过量游离而发生药害；在高温干旱时喷施络氨铜或硫黄制剂，也易发生药害；幼果期使用铜制剂或普通代森锰锌，容易造成果锈。树势强弱与药害的发生也有一定关系，壮树抗逆性强，不易发生药害，弱树易发生药害。

通常引发药害的原因主要有如下几项。

1. 气候影响

（1）在气温高、光照强的情况下用药，由于药液水分瞬间蒸发，使农药不待随水分渗透至叶果组织内部即浓缩，刺激叶果，造成药物损害。

（2）在连续几天大雨过后初晴，气温迅速升高时立即喷药，由于阴雨天气温较低，叶果表面气孔闭塞，雨后气温快速升高，表皮气孔细胞即刻张开且呼吸量加大而造成药害。

（3）在喷用波尔多液后，如药液没有干就下大雨，雨水会淋掉石灰成分，所剩的铜离子渗透腐蚀性强，导致叶片受害。

2. 不当操作的影响

（1）人为提高使用浓度而造成药害是生产中较常见的现象。

（2）使用方法不当，将多种农药放入桶内，然后加水稀释，这样几种农药会产生化学反应，喷在树上易造成药害。有的果农图省事，将所需的粉剂、胶悬剂、水剂、乳油等一块放入桶中再搅拌。

这些方法都是不可取的。

（3）重复喷药，导致叶果表面农药残留过多，出现药害。

3. 农药质量与性状的影响

有些复配制剂是由2～3种农药复配而成的，这种农药在气温不高的情况下使用是安全的，且杀虫杀菌效果也好，如果在高温下使用就易出现药害。

三、防治措施

防治花椒药害的关键是合理使用各种化学农药。

（1）根据花椒发育特点，科学选择安全有效药剂　花椒生产中经常使用的安全药剂有80%代森锰锌可湿性粉剂（必得利或大生M-45）、多抗霉素、10%苯醚甲环唑（世高）可分散粒剂、40%腈菌唑（信生）可湿性粉剂、烯唑醇、纯品多菌灵、纯品甲基硫菌灵、灭幼脲、除虫脲、吡虫啉、啶虫脒、毒死蜱、阿维菌素等。

（2）加强栽培管理　合理施肥，科学浇水，增强树势，提高树体的抗病能力。

（3）施药环境适宜　喷药时密切关注天气变化情况，要避开高温强光期喷药，在温度高于30℃、强烈阳光照射、相对湿度低于50%、风速超过3级、雨天或露水很大时不能施药。通常上午10点以前和下午4点以后喷药较安全。高温季节如果遇几天大雨，天晴后不要立即喷药，要使叶、果有一个适应过程，最好隔一天喷药。

（4）科学使用农药　严格按照农药使用说明选择使用浓度及方法，禁止随意提高使用浓度，特别注意使用说明上的注意事项，以防出现药害。合理混配农药：几种药剂混合喷雾时，不能将所用几种农药同时加入药罐中进行搅拌，必须加入一种，搅拌一次，待搅匀后，再加入另一种，再搅拌，依此类推。

（5）进行药害试验　对于当地未曾使用过的农药，特别是复配制剂农药，在使用前必须进行小面积的药害试验，待观察一周左右确定无药害发生时，再大面积使用，减少药害发生的可能性。

四、花椒树药害补救措施

（1）喷水和灌水　花椒树发生药害后如发现及时，应立即喷水冲洗受害植株 2 ～ 3 次，以稀释和洗掉黏附于花、叶、果及枝干上的农药，降低树体吸收的农药量，减轻危害。如为酸性农药药害，为加速农药分解，可在水中加入适量生石灰。如是内吸性药剂或土壤处理药剂导致的药害，可用田间漫灌并排水的方法处理土壤。

（2）喷药中和　药害导致叶片白化时，可用粒状的50%腐殖酸钠配成5000倍液进行灌溉，也可将50%腐殖酸钠配成3000倍液进行叶面喷雾，3 ～ 5天后叶片会逐渐转绿。如果施用石硫合剂产生药害，可先进行水洗，然后再喷400 ～ 500倍液米醋，可减轻危害。若喷施波尔多液发生铜离子药害，可喷0.5% ～ 1%的石灰水，消除药害。

（3）修剪　果树发生药害后，要及时摘除枯死的叶、花、果，剪除枯死枝，以免枯死部分蔓延或受病菌侵染而引起更严重的病害。

（4）中耕　花椒树一旦发生药害，要及时对花椒园进行中耕，以改善土壤的通透性，促进根系发育，增强树体自身的恢复能力。

（5）追肥　花椒树发生药害后，其生长发育受到影响，长势会衰弱下来，为了促使树势恢复，应及时进行追肥。据树大小，可每亩施尿素5 ～ 10千克，也可用植物动力2003稀释成1000倍液或用0.3%尿素和0.2%磷酸二氢钾混合叶面喷施，补充营养，促进树势恢复。

（6）除草剂药害的补救　一旦除草剂产生药害，应积极采取措施补救，以把损失降到最低。若植株上除草剂多时，可用机械喷水淋洗，减少粘在叶上的药量。药害轻时，应及时摘除受害部分，增施速效肥，合理灌溉。药害特别严重时，可喷激素调节，像喷4%赤霉素乳油，可促进叶片恢复。

第四节 ▶▶ 花椒园生产中用药十戒

花椒园管理中科学用药是防治有害生物的主要措施之一，由于部分椒农对花椒园病虫害发生规律缺乏了解，对农药特性不太明了，在花椒生产中用药很被动，主观能动性发挥得不好，直接影响防治效果。根据多年病虫害防治经验，笔者认为在花椒生产用药中要注意以下十戒，以保证用药安全，提高防治效果，降低生产成本。

一、戒盲目用药

花椒生产中病虫害防治的总原则是"预防为主，防治结合"，但由于有的椒农对病虫害发生规律缺乏了解，生产中盲目用药现象很普遍，抓不住重点，跟风打药、打保险药成为常态。这样既增加了成本，防治效果又不好，因而应加强田间病虫害发生情况监测，按病虫害实际发生情况，结合季节气候变化，突出防治重点，适时适量用药，以降低成本，提高防治效果。

二、戒使用低价劣质农药

农药的质量直接影响防治效果，目前市场上的农药种类繁多，优劣难辨，如果购买使用劣质农药，药是打了，可病虫害依然控制不住，起不到防治效果。因而选用优质农药是提高防治效果的前提，应尽量选用大众化的常用农药，对于新研发的农药应坚持先试验后推广的方法，增强防范假冒伪劣产品意识。

三、戒使用高毒高残留农药

花椒是重要的食品调料之一，其食用的安全性直接影响消费者的身体健康。高毒高残留农药的使用一方面会加剧农业环境污染，大量杀伤天敌，破坏生态平衡，导致病虫害泛滥成灾，另一方面又严重危害人的健康。因而广大椒农要树立安全意识，拒绝使用高毒高残留农药。

四、戒胡乱配药

农药种类繁多，不同种类农药之间存在相助、相扶、相克的关系，有的农药种类之间配合使用可提高防治效果，而有的农药种类之间配合会失去防治效果并产生药害。像保护性杀菌剂与治疗性杀菌剂混合使用，可极大增强防治效果，胃毒剂和触杀剂混合可对多种虫害起到控制效果，而碱性农药和酸性农药混合就没有了防治效果。因而在用药前要详细阅读使用说明书，并在技术人员的指导下科学合理配药，以提高用药安全及防治效果。

五、戒不分剂型使用农药

农药的剂型不同，其防治效果是不一样的，一般乳油剂的防治效果优于可湿性粉剂，可湿性粉剂优于微乳剂，微乳剂优于水剂。在使用农药时要合理选用剂型，以提高用药的安全性。对于反复发生、繁殖速度快、极易成灾的病虫害，最好采用乳油制剂，像防治蚜虫用吡虫啉乳油效果很明显，而敏感性药物应尽量选用水剂或微乳剂，一般绝大部分情况可使用可湿性粉剂。

六、戒随意加大农药配比

一般药物使用浓度越大，对病虫的杀灭作用越明显。生产中有的椒农随意加大农药使用浓度，以提高病虫害控制效果，但这样一方面可加快病虫产生抗药性，增大防治难度；另一方面如浓度掌握不好，极易发生药害，造成不必要的损失。因而应以农药使用说明书推荐浓度为宜，不要随意加大农药使用浓度，正规的农药均是在试验的基础上提出安全用药配比的。

七、戒随意增加喷药次数

杀虫剂和杀菌剂都有一定的药效期，在药效期内对病虫危害有很好的控制效果，病虫发生、发展、蔓延成灾都有过程，因而在固定产区，用药次数是相对固定的，像黄土高原产区空气干燥，病虫害发生较轻，全年喷药5～6次即可，而环渤海湾产区，由于年降水量较多，空气潮湿，有利于病菌滋生，全年需喷药10～12次。不同产区应根据实际病虫害发生情况确定喷药次数，不要随意增加喷药次数，以控制生产成本，真正实现农药用量零增长。

八、戒延期用药

病害防治的重点，应控制在症状出现前，虫害防治的重点在卵及孵化期，当病害症状出现、害虫开始危害时，损失已造成，防治效果就大打折扣。因而病害应以预防为主，春季喷施铲除性保护杀菌剂显得尤为重要；害虫在刚孵化出时，抗药性弱，极易杀死，是防治的关键期，要抓紧用药。一旦病害症状出现，害虫蛀果、食叶或蛀干后，会极大地增加防治难度，降低防效。

九、戒不分时期无选择用药

在花椒树生长的特殊时期，对药物是有特别的要求的，使用不当会造成不应有的损失。像在花期喷用石硫合剂，如剂量掌握不好，极易杀伤花器，影响坐果，因而应选择相对安全的多抗霉素、80%代森锰锌可湿性粉剂（大生-M45）等杀菌剂，啶虫脒、阿维菌素等杀虫、杀螨剂，以确保不对花椒树正常生长结果造成影响。

一般杀菌剂药效在7天左右，杀虫剂药效在15天左右，采收前如果用药太迟，会大大增加产品中农药残留量，影响花椒的食用安全性，因而在采收前20天以内严禁用药。

十、戒多次选用广谱性药剂

随着农药加工业科技水平的提高，多种成分复配的广谱性药剂层出不穷，广谱性药剂由于杀灭病虫种类多，可对多种病害和虫害具有兼治作用，因而受到广大椒农欢迎。但广谱性药剂应用后也有明显的副作用，一是导致病虫的抗药性提高，从长远看增大了防治难度；另外广谱性药剂的使用破坏了农业生态平衡，在杀灭害虫的同时大量杀伤了天敌，导致天敌对害虫的控制能力大大下降，从而出现灾难性危害，因而广谱性药剂的使用应尽量控制，应以采用特效药物防治为主。像用戊唑醇防治早期落叶病，用硫制剂防治白粉病，用灭幼脲防治蛾类害虫，用阿维菌素防治螨类，用苦参碱防治蚜虫，用矿物油制剂防治介壳虫，用特效药有针对性地防治病虫害，可很好地保护天敌，维持生物链的平衡。

第十三章 一 》

花椒生产中存在的
突出问题及对策

第一节 》 花椒生产中的树势衰弱现象及预防

树势的健壮程度决定其生产能力的高低，因而保持树势健壮是花椒生产管理中的重点。但在实际生产中，花椒树势衰弱现象发生很普遍，直接导致花椒的产能没有充分发挥，其生产效益的提升受到限制。

一、花椒生产中的树势衰弱现象

根据观察，花椒生产中之所以会出现树势衰弱现象，主要原因如下。

（1）花椒园立地条件差，土壤瘠薄，花椒树生长受到限制　由于花椒适应性强，侧根发达，因而花椒园大多建在立地条件较差的地方，土壤瘠薄，营养物质供给不足，花椒树体正常生长没有保障，年生长量小，表现衰弱现象。另外，花椒树如栽在黏重土壤上，难以满足根系的好氧性，会导致部分须根枯死，影响树体吸收功能，树体地上部分生长不旺，表现衰弱现象。

（2）水分欠缺，无法满足树体生长结果的需要，生长量小，表现衰弱　花椒树生长对水分需求的弹性较大，在年降水量400～600毫米的情况下均可生长，但树体生长的健壮程度与水分供给呈正相关，即降水越多的地方，树体生长越旺，降水越少的地方，树体生长越弱。由于花椒园大多建在立地条件较差的地方，大多没有浇水条件，完全靠自然降水供水，是典型的雨养作物，降水多少就直接决定了树势及生产能力的高低。而我国北方，特别是黄土高原产区，普遍存在降水偏少的现实问题，这样就直接限制了树体的生长，因而花椒树势衰弱现象发生较普遍。

（3）营养补充不充分，出现亏缺　花椒耐粗放管理，由于果实成熟早，采收早，果实采收到落叶时间长，树体物质积累充分，因而产量相对稳定，加之花椒园大多建在离村庄较远的地方，在生产中很少供给肥料，大多采用掠夺式经营，放任生长，树体生长结果从土壤中吸收的养分得不到补充，长此以往，土壤营养出现亏缺，无法满足树体生长需要，树体生长受到限制，出现衰弱现象。

（4）修剪不当，枝条开张角度过大，生长势变弱　花椒树树姿开张，在树体管理中，如果修剪不当，会导致直立生长优势快速减弱，枝势急剧下降，树势弱了，产量就会下降。在花椒生产中，椒农大多对修剪重视不够，多放任树体生长，更新不及时，导致树体结果枝老化，结果能力低下。

（5）土壤沉实，根系生长受限，导致树体地上部生长不良　土壤是根系生长的载体，一般土壤疏松、通气性好时，有利于根系生长，形成强大的根群，有利于提高树体吸收水分和矿物质的能力，保证树体健壮生长；而土壤沉实时，根系的生长受到限制，树体的吸收能力减弱，地上部的生长就会受到限制。

（6）病虫害防治不力，直接导致树势衰弱　花椒生产中病虫害是较多的，像天牛、蚜虫、介壳虫、蛴螬、锈病、干腐病等，均会对树体或叶片、枝干造成危害，导致营养运送通道受阻或叶片制造光合产物能力下降，严重影响树势，加速树体老化、弱化，不利于产量提高。

（7）疏于管理，草荒严重，花椒树生长受到影响　花椒树水平根发达，根系分布较浅，如果生产中对杂草控制不力，极易出现杂草与花椒树争肥争水的现象，严重影响花椒树的生长，导致树势衰弱。

二、花椒生产中树势衰弱现象的预防

由于花椒树势衰弱的原因是多方面的，因而预防工作也要多管齐下、多措并举，以提高预防效果。生产中应用的主要措施如下。

（1）适地建园，为树体健壮生长、高产优质创造条件　花椒虽然适应性强，但要进行效益型生产，则必须坚持适地适栽的原则，将花椒园建在土层深厚、土壤肥沃疏松的地方，要避免在低洼、瘠薄、土层浅、风口、高寒地方栽植，以保证花椒树栽上后树体健壮生长，促进高产优质，提升生产效益。

（2）深翻改土，创造有利于树体健壮生长的根际环境　根系是花椒的重要器官，主要起着以下作用：支撑树体，保持树体地上部稳定；从土壤中吸收水分、矿物质和少量有机物；贮藏及输导养分、水分；将无机养分合成为有机物质。因此创造良好的根系生长环境，是花椒获得高产的重要保证。生产中提倡大坑栽植，栽后 3～5 年内进行行间深翻，以有效地改良根际土壤，促进树体健壮生长。一般在栽植时应挖长、宽、深在 60 厘米以上的坑，栽植后每年以树干为中心扩穴 0.5～1 米，深翻 40 厘米左右，3～5 年内将全园土壤翻一遍，保证花椒园土壤疏松，增强土壤蓄水能力；减少根系生长扩展的阻力，促进形成强大根群，提高树体吸收能力，保证树体健壮生长。土壤干旱条件下根的自疏现象会加重，干旱到一定程度，根系生长和吸收会停止甚至死亡。通气良好的土壤（氧气含量大于 10%）能保证根系和土壤中微生物的需要，而且会防止二氧化碳积累引起的中毒，因而在生产中应注意保墒，将土壤水分含量控制在田间最大持水量的 60%～80%。生长季要经常进行松土除草，在雨季时要注意排水，耕翻土壤，防止土壤板结，这是防止花椒树衰弱的最有效措施之一。

（3）加强中耕管理，抑制杂草生长　通过中耕除草，保证土壤养分绝大部分用于花椒树生长，以维持花椒树旺盛生长。

（4）实行覆盖栽培，提高天然降水的利用率，防止树势衰弱　水分是花椒生产中的主要限制因子，由于我国北方花椒园大多没有浇水条件，生产中提高天然降水利用率便是管理的重要目标。在花椒树栽植后，对树盘或栽植行用地膜或作物秸秆进行覆盖，就可很好地阻止土壤水分的蒸发损失，促进天然降水更多地用于花椒树生长，减少干旱对花椒生长结果的影响，对于防止树势衰弱有十分积极的作用。

（5）加强肥料投入，保障营养物质供给　保证营养物质供给，及时补充土壤中因树体生长结果所消耗的营养，这是维持树体健壮生长的根本保障。由于花椒产量较低，通常每亩产量在100～125千克之间，结果对土壤养分消耗相对是较少的，因而花椒需肥量相比其它经济林是较少的，一般每年每亩施用1000～1250千克充分腐熟的农家肥或100～125千克商品有机肥即可满足生产需要，这在农村是完全可以实现的。在施足有机肥的前提下，保证一定量的氮肥供给，是维持健壮树势所需。花椒生长需要从土壤中吸收氮、磷、钾、钙、镁、硫、铁、锌、硼等多种营养元素，各元素在花椒生长过程中所起的作用是不同的，其中氮元素是构成蛋白质的主要物质，也是叶绿素的主要成分。氮素能促进花椒的营养生长，促进光合作用，改善果枝活力和延长其寿命。氮素充足，树壮，叶大、浓绿色，光合效能高，各器官的功能强；氮素不足，枝细弱，叶小、淡绿色或黄色，树体衰弱，因而在春夏季于雨后补充氮肥是保持树体健壮生长很有效的措施。要根据树体大小、树势强弱，灵活补充氮肥，维持树体健壮生长。

（6）合理修剪，保持壮枝结果　由于花椒枝势开张，当花椒分枝角过大时，就会发生衰弱现象，因而花椒枝条分枝角度不宜过大，一般主枝保持40°～50°角延伸，侧枝保持50°～60°角延伸，应充分利用枝条分枝角度控制树势。一般枝条分枝角度与枝的长势呈现负相关，枝条分枝角度越小，其直立生长优势越明显，枝条生长越旺；枝条分枝角度越大，其直立生长优势越弱，则枝条长势越弱，因而对于树体中枝条分枝角度大于80°的枝要进行回缩，通过培养剪口下相对分枝角度较小、生长旺的枝，来维持旺盛的树势，保持树体有较强的结果能力。另外，要加强树体内膛老化枝、枯死枝的疏除，以改善通风透光条件，保证树体全方位结果。

（7）加强病虫害防治，维持树势强壮　要加强天牛、蛴螬、干腐病等危害枝干病虫害的防治，保持树体物质运送途径畅通，加强蚜虫、介壳虫、锈病等危害枝、叶病虫害的防治，提高枝叶制造光合产物的能力，这些都是花椒生产中不能忽视的。生产中应根据不同病虫害的发生特点，有针对性地采用防治措施，保证适期用药，控制危害，从而保证树体健壮生长，提高花椒园产能，提升花椒生产效益。

第二节　花椒低产的原因及高产的途径

陇南40年生"花椒王"的报道充分说明在目前的大多数花椒生产中，花椒的生产潜力还远没有被挖掘，反思生产现状，由于很多椒农将花椒栽植在立地条件较差的地方，很少施肥、浇水、防治病虫，树体调控不当，以掠夺式经营为主，这样的结果导致花椒低产是意料之中的事。陇南花椒王的发现，充分说明花椒生产增产的潜力是很大的，只要加强管理，完全可以将花椒的产量和种植效益提升到新的高度。

一、花椒低产的原因

（1）栽植地立地条件差，土壤中水分、养分不足，花椒的产能

无法发挥　由于花椒主根较浅，侧根发达，一般分布在50厘米土层内，形成错综复杂的根系网络，吸收能力较强，因而花椒有较强的适应性。长期以来，花椒大多栽在立地条件较差的地方，花椒园普遍土壤贫瘠，养分含量低，降水稀少，没有浇水条件，土壤水分欠缺，花椒的正常生长结果受到抑制，导致产量低而不稳。

（2）缺肥少水，物质供给没保障　长期以来，花椒植株处于饥饿干渴状态，生长不充分，结果少，产量低。肥水是花椒生长结果的物质基础，在现实生产中，由于花椒园大多离村庄较远，施肥浇水没有条件，很少施肥浇水，而花椒树生长结果每年均会从土壤中吸收大量的营养物质和水分，长此以往，会导致土壤营养严重亏缺，树体的正常生长结果没有保障，树体生长受到抑制，结果能力大大降低。

（3）病虫害严重发生　病虫害严重发生导致树体物质运输通道受阻，叶片被伤害，光合作用无法正常进行，光合产物积累不足，严重影响产量的形成。花椒的规模化发展，为危害花椒的病虫提供了丰富的食材，导致病虫害严重发生，对生产造成极大的危害，影响产量的形成。花椒生产中病虫害的种类是较多的，主要包括危害枝干的黑胫病、干腐病、天牛、吉丁虫、介壳虫，危害叶片的锈病、蚜虫、螨类等。对于这些病虫如果疏于防治，极易成灾，非常不利于产量的提高。

（4）自然灾害频发，对产量的提高构成严重威胁　由于花椒适应性较强，因而在花椒建园时对园址选择多重视不够，有许多花椒园建在自然灾害频发地带，花椒在生产中或受到霜冻、低温、大风危害导致抽条，枝梢干枯；或受到干旱影响，导致须根枯死，吸收能力大大降低；或受到水涝影响，导致根系缺氧死亡，树体枯死；或受冰雹危害，地上部严重受损等，均不利于产量提高。

（5）树体调控不力，树体中营养分配不当，不利于产量提高　多数花椒品种萌芽率高，成枝力强，在生产中易出现田间郁闭现象。郁闭现象的出现，会导致光照恶化，内膛枝干枯死亡，发生结果部位外移，出现结果表面化现象，会大大地降低树体结果能力。在花椒树体中，营养用于枝梢叶片生长和花果生长两部分，如果树体管理不当，特别在秋雨较多、施氮过量的情况下，极易出现枝梢徒长现象，导致枝梢生长不充实，这样不但会大大地降低结果能力，而且其越冬能力也大大降低，冬季极易抽条干枯。

二、花椒高产的途径

由于导致花椒低产的原因是多方面的，因而在生产中应立足当地实际，采取综合措施，全面优化花椒生长环境，提高花椒管理的科学水平，以促进花椒产量的提高。生产中应用的主要措施如下。

（1）适地建园，为丰产打好基础　花椒喜温、喜光、耐旱，根系好氧性强，不耐水涝，生产中应根据以上特性，选择相对温暖、背风向阳、土层深厚、土质疏松且肥沃、排水良好的地方建园。要避免在梁峁、风口、低洼、土层浅、土壤黏重、自然灾害易发地建园，为丰产打好基础。

（2）加强肥水管理，增加物质投入　充足的肥水是花椒高产的物质基础，要改变传统的粗糙管理方法，强化肥水管理。在每年花椒采收后，要及时增施肥料，补充土壤因结果所消耗的营养；在萌芽前后，施用适量的肥料，有利于提高坐果率；在6月份进行追肥，有利于果实充分生长，促进花芽分化顺利进行。每年应抓好这三个关键时期，进行追肥补养，保持土壤肥沃，这是高产的先决条件。其中，花椒采收后施肥应以有机肥为主，混合适量的磷钾肥，据树大小，每株施10～30千克农家肥或1～3千克商品有机肥，磷酸二铵0.5～1.5千克，硫酸钾0.5～1.5千克；萌芽前以氮肥为主，据树大小，每株施尿素0.2～0.5千克，磷酸二铵0.5～1千克；6月份以钾肥为主，据树大小，每株施硫酸钾0.5～1千克，尿素0.5～1千克。花椒是需磷钾肥较多而需氮肥较少的作物，要避免施氮过多，否则易导致枝梢旺长、冬春季发生抽条枯枝现象。

花椒虽然侧根发达，但由于分布较浅，在土壤干燥、墒情差的情况下浅层根易枯死，会出现树势衰弱，不利于结果。一般土壤相对湿度在70%左右时最有利于花椒树体生长结果，因而保持土壤湿润是提高花椒产量的重要措施之一。由于我国北方大部分地方降水较少，特别是春夏季降水缺乏，易发生春旱、伏旱现象，对花椒坐果及产量的形成非常不利，而花椒大多栽植在立地条件较差的地方，绝大部分花椒园没有浇水条件，因而提高天然降水的利用率便是水分管理的重点。近年来，甘肃东南部的平凉、天水、陇南等地在花椒生产中广泛应用沙石、地膜、作物秸秆对花椒园进行土壤覆盖，很好地抑制了土壤水分蒸发，大大地提高了天然降水的利用率，大幅度地提高了花椒产量，这一做法值得推广。

（3）加强病虫害的综合治理，减轻危害，促进产量提高　危害花椒的病虫害种类较多，防治时应抓住关键时期，突出重点防治对象，抑制危害，减轻产量损失，生产中应重点抓好以下措施的落实。

① 认真做好清园工作，压低病虫发生基数，为全年防治打好基础。在早春树体发芽前，全园细致喷一次3～5波美度石硫合剂，杀灭越冬的病菌和虫卵，对控制病虫害发生有很好的作用。

② 蚜虫有趋嫩危害的特点，在花椒萌芽至显蕾期极易成灾，容易在新梢部位形成"蚜棒"，要根据天气及田间蚜虫的发生情况，适时喷用50%啶虫脒水分散粒剂3000倍液或10%吡虫啉可湿性粉剂1000倍液，40%啶虫·毒死蜱乳油1500～2000倍液，50%啶虫脒水分散粒剂3000倍液+5.7%甲氨基阿维菌素苯甲酸盐（甲维盐）乳油混合液以控制危害。

③ 在谢花后至幼果期，是多种病虫害集中侵染危害期，防治时应坚持病虫齐杀的原则，喷药时应混合施用杀虫、杀菌剂，可用1.8%阿维菌素3000～4000倍液+10%吡虫啉可湿性粉剂1000倍液+10%氟硅唑（福星）6000倍液或43%戊唑醇悬浮剂4000倍液。

④ 7～8月份，进入雨季，空气湿度大，极有利于病害发生和蔓延，病虫防治中应以病害为重点，同时兼顾田间虫害的发生情况，合理选用杀虫剂。一般可喷用70%甲基硫菌灵可湿性粉剂600～800倍液或72%腈菌唑可湿性粉剂2000～3000倍液+20%三唑锡2000倍液+40%硫酸烟碱800～1000倍液。

　　（4）切实做好防灾减灾工作，减少损失　各地应立足当地实际，抓好重点灾害的预防，以减少危害损失。

　　① 冻害的预防：冻害除出现在极端低温天气导致植株死亡之外，最主要的表现为幼树冻害和新梢抽干现象，生产中应加强防治。

　　幼树冻害：花椒耐寒性较差，特别是幼树怕冻，因而在寒冷地区栽培花椒树，在栽植的当年秋末冬初应截干埋土进行防寒；在第二、三年应对树干绑草或将玉米秆劈开套于树干上用绳绑扎，进行树体保护；第四年以后，可采用树干涂白的方法减轻冻害的发生。

　　新梢抽干（抽条）：抽条现象主要发生在秋雨多、施氮过量的花椒园，防治上应注意控制氮肥的用量，在秋雨多的年份应加强摘心管理或喷用多效唑、丁酰肼（比久）等生长抑制剂抑制新梢生长，保证新梢充实，冬剪时剪除枝梢虚旺生长部分。

　　② 霜冻：在花期要注意收听天气预报，霜冻前在花椒园中喷水、熏烟等均可降低霜冻程度，减轻危害。各地可根据实际情况选择应用。

　　③ 干旱：主要发生在春、夏季，以春旱、伏旱发生的概率多，生产中应落实好覆盖保墒措施，以有效地减轻干旱的危害。覆盖最好在秋季丰水期进行，可有效地提高土壤水分含量。

　　（5）合理修剪，培养适宜丰产的树体结构，维持旺盛的结果能力　花椒喜光不耐荫蔽，修剪时要适应这一特性，重点解决好树体通风透光问题和营养分配问题，促进产量提高。具体修剪时应抓好以下措施的落实。

　　① 应用阳光树形：花椒生产中以开心形、丛状形等树形为主，它们共同的特点是采光好、树冠低矮、便于采摘操作。

　　② 合理配置结果枝：结果枝的多少及在树体中的分布直接决定树体生产能力的高低，一般结果枝适量，在树体中分布均匀时，产量高；而结果枝过量的，会导致树冠内光照恶化，结果枝纤细，结果能力低下，还有部分枝因见不到阳光变成无效枝，消耗营养，对产量的形成无益；当然结果枝过少时，产量是很难提高的。因而在花椒生产中，在主枝或侧枝上应每15～18厘米留一个结果枝，要

及时疏除细弱的分枝，保留健壮分枝，直立枝组应重点配置在枝的两侧，对侧生枝组要注意回缩，以免延长过长，导致枝势衰弱。

③ 少动大枝，以小枝修剪为主：花椒树不耐修剪，一次疏除多个大枝，容易出现冒条现象，导致光照恶化。因而在修剪时应尽量少去除大枝，主要剪一年生枝，修剪方法上应以疏剪为主，重点疏除交叉枝、重叠枝及枯死枝，不宜过多采用短截的方法。花椒的隐芽萌发力较强，疏枝时应保证剪口平滑，不能留橛，以防止产生萌条，花椒多以中短枝结果为主，枝条应以长放为主，以促生中短枝。

④ 实膛修剪，保证树体内外均衡结果，提高结实能力：花椒在主侧枝分枝角度太小、留枝过量的情况下，内膛枝易枯死，结果部位会发生外移，不利于产量提高，因而修剪中应注意保证树冠内外均衡结果，以利于提高产量。在修剪时应注意做到：

a.保持主、侧枝分枝角度适宜。主、侧枝分枝角度应是修剪调节的重点之一，分枝角度小时，内膛光照差，枝易枯死；分枝角度大时，枝势易衰弱。大量生产实践证明，一般花椒主枝基角以60°左右为宜，侧枝与主枝夹角以40°～50°为宜。对于分枝角度过小的枝，可通过拉枝的方法进行开张角度，以达到适宜角度延伸。

b.充分利用隐芽受刺激易萌发的特性，对树冠内枯死枝进行留橛疏除，促进其萌发成枝，占领空间，增加有效结果部位，以利于产量提高。

第三节 ▸ 花椒涝害及预防

花椒抗涝性差，根系好氧性强，极易发生涝害，生产中应加强防治。

一、涝害的危害

花椒园中如果出现积水，由于根部缺氧会抑制有氧呼吸，产生和积累较多酒精，致使根系中毒受害；光合作用大大下降，甚至完全停止；树体养分分解大于合成，使生长受阻，导致产量下降。同时，涝害发生后，土壤好氧细菌（如氨化细菌、硝化细菌等）的正常生长活动受到抑制，影响矿物营养供应；相反，土壤厌氧细菌（如丁酸细菌）活跃，使树体必需元素锰、锌、铁等易被还原流失，造成植株营养缺乏，导致根系损伤，叶、花、果失水，枯黄，脱落。在淹水条件下，树体内的乙烯含量增加，会引起叶片卷曲、偏上生长、脱落，根系生长减慢。

一般静水危害大，流动水的危害较小；污水危害大，清水危害小；气温高时危害大，气温低时危害小。

二、涝害的预防

（1）建园时注意选择园址　要避免在低洼易涝、山间谷底、地下水位高处建园。

（2）土壤管理　土壤肥沃，树体才健壮，有利于提高树体抗逆性，在受涝后可以减轻危害。

（3）土壤质地　一般壤质土通透性好，保水保肥能力强，适宜花椒树生长。

（4）土壤结构　团粒结构土壤适宜花椒树生长结果，树行间进行适当间作，可增加土壤有机质，促进团粒结构形成，增加树体养分供给能力，提高花椒树抗旱耐涝能力。

（5）起垄覆盖栽培　起垄栽培，尤其起垄并结合覆盖地膜的栽培模式，能增加根际土层厚度，促进树体生长，降低地下水位，提高防涝能力。

三、涝害发生后的管理

（1）排水降湿　涝灾发生后，在水退后，应及时挖排水沟，排除积水，恢复树体正常呼吸。

（2）扶树清淤　在地里能进人时，应及时扶正歪倒的树，必要时设立支柱；清除根际淤泥淤沙，清洗枝叶表面污物，对裸露根系及时培土。

（3）全园松土散墒　在地皮发白时，及时进行树盘或全园耕翻，加速水分散发，恢复根系正常发育。

（4）叶面喷肥及土壤追肥　结合耕翻土壤施氮、磷、钾肥，同时叶面喷0.3%尿素+0.3%磷酸二氢钾，加快树势恢复。

（5）适度修剪　水灾后，剪去枯枝、病虫枝、密生枝、交叉枝、徒长枝，改善树体通风透光条件，提高叶片光合效能，增加养分积累。

（6）枝干保护　对裸露的枝干用石灰水刷白，以免太阳暴晒造成树皮开裂；冬季用麦草包扎，保护皮层，防止冻裂。

（7）病虫防治　雨后喷洒一次10%苯醚甲环唑（世高）水分散粒剂、甲基硫菌灵、多菌灵等高效杀菌剂，以控制病菌的滋生。

花椒周年管理历

时间	主要管理措施	备注
1月至2月	（1）种子沙藏　花椒种子贮藏过程中，如果环境干燥的话，会丧失发芽能力，因而作繁殖用的种子以沙藏为主。沙藏时通常用含水量60%～70%的沙子，在温暖高燥的地方按种子量的多少挖深40～50厘米、长宽按种子多少而定的坑，先在坑底填10～15厘米湿沙，然后一层沙子一层种子分层堆置至坑口，最后在坑上埋20～25厘米沙子，使其高出地面。也可将种子与湿沙混合后沙藏，方法见第四章第一节。 （2）防治病虫害　刮除流胶并涂抹熟猪油或维生素B_6软膏防治流胶病。仔细观察枝干，发现蛀干害虫，及时用刀尖撬开受害部位，杀死越冬幼虫，用钢刷刷除枝干上的介壳虫。 （3）防冻　花椒喜温不耐寒，抗寒性差，一年生苗在–18℃以下，多年生树在–25℃情况下，枝条易产生冻害。冬季要做好树体保护，1～2年幼树可用将玉米或葵花秸秆从中劈开包扎树干的方法进行保护，多年生树可采用树干涂白的方法保护	涂白剂配方：5份生石灰、2份食盐、0.5份硫黄、0.1份油、20份水
3月	（1）花椒园耕翻　花椒根系好氧性强，在土壤解冻后，应及时对花椒园土壤进行耕翻，以增加土壤的通透性，促使形成强大的根系，增强树体吸收功能，保证树体健壮生长，提高结实能力，一般应保持耕深15～20厘米。 （2）追肥　在萌芽前按树大小每株施尿素0.3～0.5千克，磷酸二铵0.5～1.0千克。	耕翻时要注意保护根系，按近根处浅、远根处深的原则进行

续表

时间	主要管理措施	备注
3月	（3）覆盖保墒 土壤干燥时，花椒树浅层根系易枯死，引发树势衰弱，因而在土壤解冻后，应及时进行覆盖捂墒，控制土壤水分的蒸发，以提高天然降水的利用率，促进树体健壮生长。覆盖材料可就地取材，沙石、作物秸秆、地膜均可。覆盖方式可采用树盘覆盖、栽植行覆盖，也可全园覆盖，一般覆盖面积越大，保墒效果越好，特别是黑膜覆盖不但有保墒效果，同时可很好地抑制地下越冬害虫的出土，减轻危害；另外还可抑制杂草的生长，可大面积推广普及。 （4）防病虫 在萌芽前全园喷一次3～5波美度的石硫合剂，防止蚜虫、螨类和枝干病虫为害。 （5）修剪 疏除根部萌发的萌蘖枝、剪除背上枝及徒长枝；对于有发展空间的徒长枝，可将其拉平，待结果后再回缩改造成结果枝；主枝过长造成结果部位外移时，应逐年回缩更新；剪除过密枝和病虫枝	耕翻时要注意保护根系，按近根处浅、远根处深的原则进行
4月	（1）育苗 选择土层深厚、土质肥沃地块作育苗地，可采用播种、嫁接、扦插、压条等方法培育苗木。 ① 播种育苗：花椒种子一定要进行脱脂处理，将沙藏后精选的种子放入桶或缸内，倒入2.0%～2.5%的碱水或洗衣粉水，水量以淹没种子为宜，浸泡10～24小时后，用手搓洗或用树枝捆成把在容器中不停地搅动，直到种子失去光泽，然后用清水冲洗，捞出稍晾，播种。 播种时以条播为主，一般在地表下10厘米地温达到8～10℃时进行播种，按间距25～30厘米开深3～5厘米的浅沟，每亩用种15～20千克，将种子与5倍的细绵沙混匀，撒播于沟内，覆土2～3厘米厚，盖麦草保墒，防止土壤干燥，影响种子发芽率和幼苗生长。 ② 嫁接育苗：砧木培育同播种育苗，在砧木地径达0.4～1厘米时进行嫁接，根据砧木粗细不同，可选用切接、插皮接等方法嫁接。	播种育苗时，播种深度要掌握好，深播不易出苗，播种浅则不易发芽。 嫁接育苗时，接穗从新梢上摘取，嫁接之前要保湿保存，防止接穗枯黄

续表

时间	主要管理措施	备注
4月	③扦插繁殖：在5年生以下已结果的花椒树上，选取1年生枝条作插穗。插穗可用500毫克/升的吲哚乙酸浸泡30分钟，或500毫克/升的萘乙酸浸泡2小时，也可采用温床催根的方法。经处理的插穗，生根成苗率高。 ④压条繁殖：春季花椒发芽前，将1～2年生分蘖苗的基部环剥，埋于土内，让剥口处长出新根来，经1个生长季后，将分蘖苗与母株分开，即可进行移栽。另一种做法是将分蘖苗基部用锋利的小刀削破2/3培土生根。分蘖苗切离母株后，如根系长得好，即可直接移栽，如根系长得不好，可假植于苗圃中，待其新根发多后再移栽。 （2）新建园栽植　花椒建园应选择在山坡的阳坡和半阳坡，土壤以疏松、排水良好的沙壤土最好。坡度太大的山地，最好先进行坡改梯治理再栽植，太陡的山坡应推行鱼鳞坑栽植，以提高水土保持效果。花椒怕风、不耐涝，要避免在山顶、风口、低洼地带栽植。 花椒栽植宜稀不宜密，一般行距应大于4米，株距应大于3米。农耕地平坦肥沃，可采用农作物和花椒、蔬菜和花椒等形式间作，促进花椒树生长和提高生产效益。 花椒春栽应在临近萌芽时进行，以利于提高成活率，过早地温低，不易产生新根，过迟成活率低或不能成活。 栽植时应选择苗高在60厘米以上、地径0.6厘米以上、主根长25厘米以上、侧根完整的壮苗，最好随起苗随栽植，尽可能缩短须根在空气中的暴露时间。外调苗木在调运过程中，要对根系进行多层包扎，以保护根系，防止失水，运到后要浸根补水，最好用50～100毫克/千克的ABT生根粉2号溶液浸根2～3小时或用50～100毫克/千克的绿色植物生长调节剂GGR6号溶液浸根5～6小时后栽植，以提高成活率。 （3）结果园管理 ①防霜冻：一般4月份如有强冷空气侵袭，气温急骤下降，会导致花器官受冻，造成减产，严重时会绝收，因而霜冻预防对花椒意义重大，要切实加强。较有效的措施有如下几项。	播种育苗时，播种深度要掌握好，深播不易出苗，播种浅则不易发芽。 嫁接育苗时，接穗从新梢上摘取，嫁接之前要保湿保存，防止接穗枯黄

续表

时间	主要管理措施	备注
4月	a.灌水和喷水：在预报有霜冻来临时提前给花椒园灌水，这样在降温时接近地面的空气不会骤冷，可起到以水保温防冻的作用，此外在发芽前后还能降低地温，推迟花期，达到避开冻害的目的；给树上喷水，树体上的水分遇冷空气时可放出潜热，保护树体温度不致猛然下降，从而减轻霜冻危害。喷水应持续到天明日出之后，此法对于辐射型和平流型霜冻都有较好的预防效果。 b.涂白和喷白：早春树干涂白和树体喷白（7%～10%石灰液）可推迟萌芽和开花3～5天，使花期避过霜冻。 c.喷药防冻：在萌芽前，树上均匀喷布600倍液PBO、5000倍液碧护，能提高树体的抗冻能力；喷低浓度的乙烯利、萘乙酸、青鲜素等水溶液，能抑制树体萌发，推迟花期，避开霜冻危害，如喷250～500毫克/千克萘乙酸钾盐溶液或0.1%～0.2%青鲜素均可抑制萌芽，推迟花期3～5天；对正在开花的树喷0.3%～0.6%磷酸二氢钾溶液，可增强花蕊的抗寒性；在发芽至初花期间隔15天喷2～3次花椒防冻膨大剂，每瓶兑水15千克，可延迟花椒树春季萌发，调控花芽生长，增强抗逆性；开花前喷200倍液抗寒剂或100倍液防霜灵，树干涂9～12倍天达2116，树上喷1200倍液天达2116，均能减轻霜冻危害。 d.熏烟：主要利用大量烟雾阻挡地面热辐射散发，抵御冷空气入侵，提高花椒园内的温度，改善果园小气候，起到防冻作用。方法是在霜冻来临前，每亩花椒园在上风口堆放3～4处用麦糠＋锯末＋废机油或硝铵：锯末：柴油：细烟煤粉＝（2～3）：（5～6）：1：1配制成的发烟剂，当气温降到3℃，30分钟内如气温继续下降时，即可点燃放烟。 ②追肥：开花后按树大小每株施饼肥0.5～1千克或尿素0.5～1千克，在盛花期叶面喷施0.5%尿素＋10毫克/千克赤霉素混合液、10毫克/千克赤霉素、0.3%磷酸二氢钾＋0.5%尿素，进行营养补充，以满足植株快节奏生长对养分的需求，提高坐果率。	播种育苗时，播种深度要掌握好，深播不易出苗，播种浅则不易发芽。 嫁接育苗时，接穗从新梢上摘取，嫁接之前要保湿保存，防止接穗枯黄

时间	主要管理措施	备注
4月	③ 防病虫：在花椒刚放青时，喷一次10%吡虫啉2000倍液防治蚜虫，花椒显蕾期再喷一次3%啶虫脒1500倍液+50%多菌灵800倍液防治叶部病虫。剪除枯枝病梢，刮除干腐病、黑胫病所流果胶，用快刀刮除发病树皮，涂抹50%甲基硫菌灵500倍液、843康复液、80%杀菌剂"402"1000倍液或1%等量式波尔多液消毒，还可用多效霉素20～30倍液拌成泥浆后涂抹，防治花椒干腐病、黑胫病等病害。4月下旬跳甲越冬成虫出土前，每亩用50%辛硫磷乳油0.5千克拌土撒于树盘，毒杀出土成虫，树体喷洒2.5%溴氰菊酯1500～2000倍液杀灭花椒跳甲成虫，一般间隔7～10天，连喷2～3次，可控制危害；仔细观察枝干，如有吉丁虫、天牛危害迹象，可用毒死蜱20～50倍液+3%～5%煤油涂树干，或直接涂在吉丁虫、天牛危害部位，毒杀幼虫，在幼虫蛀入木质部前，用木锤锤击流胶部位，杀死皮下幼虫，找出最新排粪孔，用铁丝除去粪便、木屑，钩杀幼虫，用注射器将5～10倍的毒死蜱药液注入虫孔中，用泥封口，杀灭危害枝干的天牛、吉丁虫等害虫。 ④ 修剪：在萌芽后及时抹除剪锯口附近萌发的无用芽、枯死枝和病虫枝，抹除树干离地50厘米以内的枝，保证树体具有良好的通风透光性。 ⑤ 除草：随着气温的升高，杂草进入快速生长期，花椒根系分布浅，杂草生长易与花椒树形成争肥争水争空间的现象，影响花椒树生长，因而要及时铲除杂草，以保证花椒树正常生长结果。 ⑥ 间作：在花椒树栽后的前三年，树行间空间较大，可进行间作，以提高土地利用率，增加收入。间作时应注意选择低秆浅根性作物，而且其大量需肥需水期与花椒相错开，与花椒没有共同的病虫害，在种植间作物时应给花椒留足营养带，以保证花椒树健壮生长	播种育苗时，播种深度要掌握好，深播不易出苗，播种浅则不易发芽。 嫁接育苗时，接穗从新梢上摘取，嫁接之前要保湿保存，防止接穗枯黄

时间	主要管理措施	备注
5月	（1）苗圃地间苗、定苗　在花椒苗高4～5厘米时间苗，按10～15厘米间距留苗。 （2）嫁接苗松绑、设立支柱　防止劈裂。 （3）除草　气温升高，杂草进入快速生长期，要及时清除杂草。 （4）追肥　为了提高产量，在落花坐果后，应每10天喷一次0.3%磷酸二氢钾+0.7%水溶肥进行补养。 （5）疏花疏果　在结果过多的情况下，为了均衡结果，防止出现大小年结果现象，可进行疏果，对过密果穗整穗疏除。 （6）拉枝　对于树姿直立的品种及主枝开张角度小的树体，可通过撑、拉等方法开张枝的角度。保持主枝与主干夹角在50°～60°，以增加内膛进光量，防止内膛枝枯死、结果部位外移。 （7）防病虫　喷1.8%阿维菌素5000倍液+90%灭多威可溶性粉剂2000倍液+70%代森锰锌800倍液或喷50%哒螨酮2500倍液+10%吡虫啉2000～2500倍液+50%百菌清800倍液，控制病虫危害。田间发现吉丁虫蛀食枝干时，可用5～10倍毒死蜱药液涂刷受害部位	介壳虫第一代若虫、螨类、花椒凤蝶、金龟子和锈病应是此时防治的重点
6月	（1）补肥　叶面喷施0.3%尿素、光合微肥400倍液、氨基酸钙400～500倍液、30毫克/千克绿色植物生长调节剂GGR6号水溶液等，进行营养补充，提高植株制造光合产物的能力，促进产量提高，可每10天左右喷一次，连续喷2～3次。 （2）控制草害　及时铲除花椒园内的杂草，防止出现草荒。 （3）嫁接育苗　苗圃地进行嫁接。 （4）中耕　裸地花椒园进行中耕，控制土壤水分蒸发，防止土壤过于干燥，浅层根系枯死。	

时间	主要管理措施	备注
6月	（5）防病虫　6～7月天牛成虫集中危害，在花椒园中捕捉成虫，6月下旬吉丁虫成虫羽化前，剪除虫枝，在成虫发生期于清晨摇动树枝，利用其假死性，捕杀落地成虫。 （6）早熟椒采收　早熟花椒开始变红成熟，要及时采摘，摘后可利用晴好天气，在园内直接摊草席晒干	
7月	（1）采收　中熟椒采收。 （2）除草　夏季气温高，7月份我国北方雨季来临，田间湿度大，极有利于草害发生，要注意除草，控制危害。 （3）防病虫　视田间病虫发生情况，喷70%甲基硫菌灵可湿性粉剂1000～1500倍液、50%多菌灵可湿性粉剂600～800倍液、70%代森锰锌可湿性粉剂600倍液+10%吡虫啉乳油2000～3000倍液或90%灭多威可溶性粉剂2000～3000倍液，控制病虫危害。人工捕捉天牛成虫，检查产卵刻槽或根据排粪孔情况，用小刀或铁丝刺杀卵和幼虫，用棉球蘸毒死蜱药液塞入最下方1～2个排粪孔内，用泥封住，毒杀幼虫。 （4）抑制新梢生长，促进花芽分化　7月份花芽开始分化，新梢生长处于旺盛时期，对养分的竞争矛盾突出，在多雨情况下，可喷300倍液PBO或300倍液矮壮素，以抑制新梢的生长，促进花芽分化顺利进行。 （5）排水　7月份降雨逐渐增多，由于花椒树根系对缺氧十分敏感，不耐涝，在降雨后，如园内积水，应及时排水，降低园内土壤含水量，防止涝害发生	
8月	（1）采收　晚熟椒采收。 （2）保护叶片，增加树体养分积累　果实采收后，树体进入养分积累期，应视田间病虫发生情况，喷1～2次10%多抗霉素1500倍液+48%毒死蜱（乐斯本）1000倍液，防止花椒早期落叶现象，杀死产卵天牛成虫。 （3）除草。 （4）注意防涝。 （5）修剪　剪除有虫瘿枝条，降低花椒瘿蚊虫口密度；清除病枯枝、死树，及时集中烧毁	

续表

时间	主要管理措施	备注
9月	（1）施基肥　基肥可直接补充土壤养分，可长时间地供给花椒生长发育所需，基肥应以有机肥为主，混合迟效性磷钾肥，据树大小，每株施农家肥20～30千克，化肥按每生产1千克鲜椒施低氮三元复合肥0.5千克计，在花椒树行间开沟施用或以花椒树为中心环状沟施入，施肥深度掌握在20厘米左右，肥料施入后，与土充分混匀填埋。 （2）拉枝　对于新生结果枝生长量达到1米以上的进行拉枝，使其基角达到90°左右，树冠内有发展空间的徒长枝也应拉平，以占领空间，增加有效结果部位。 （3）收获间作物　幼龄花椒园间作的薯类、豆类成熟，及时收获	
10月	（1）耕翻土壤　花椒根系好氧性强，保持土壤通透性良好，有利于根系生长，形成强大的根群，促进树体旺盛生长，提高产能，因而在秋末冬初应对土壤进行耕翻，耕翻中要注意保护根系，尽量少伤根。 （2）排涝　注意排涝，控制田间水分含量	
11月	（1）清园　在落叶后，要进行细致清园，将落叶、枯枝、杂草等及时清理出园，减少病虫越冬场所，为翌年病虫防治打好基础。 （2）防寒　当年新栽的幼树，定干后埋土，以保证树体安全越冬；2～3年生幼树，可将玉米秸秆、葵花秸秆从中劈开，套于树干上进行树体保护；大树可采用枝干涂白的方法，减轻冻害危害	

续表

时间	主要管理措施	备注
12月	整形修剪：根据栽培的品种、密度以及地形确定相应的树形，修剪中应保持园内和树体有良好的通风透光性，对多余的大枝和过密枝进行疏除，对于树冠内的枯枝、交叉枝、重叠枝、无空间生长的徒长枝也应进行疏除，对于扩冠期的中干延长枝一般留50厘米进行短截，其它枝进行缓放，以利于成花结果；对于发育不充实的结果母枝可在冬剪时剪去1/3左右，留发育充实部位结果。剪后应及时用白乳胶或愈合剂涂抹剪锯口，防止风干	

花椒生产管理歌

一、概述

花椒本属芸香科　　种子里面含油多
香料里边排前列　　榨油食用很不错
适应性强不择地　　抗旱省水耐瘠薄
根系发达强分蘖　　栽后两年可试果
栽培管理很简捷　　收益早来效益多
山区发展增收入　　早日栽培把贫脱

二、繁殖

花椒坚硬种外壳　　不透水来油质多
影响出苗是症结　　种前种壳要磨薄
碱水浸泡把脂脱　　三两碱面与水合
十斤 水来本不多　　十斤种子全泡没
浸泡时间两天多　　捞出之后细磨搓
秋季可以马上播　　春播沙藏好效果
沙藏天数五十多　　三倍湿沙与种合
土壤解冻马上播　　如果沙藏时错过

---

❶ 1斤＝0.5千克。

这里还有法一招　　开水烫种也不错
烫种关键水烧沸　　水量种子两倍多
倒入种子急搅和　　三分钟后转慢作
温水浸泡种皮裂　　捞出晾晒两天多
种子不粘即可播　　种子用量细斟酌
每亩30斤不为多　　点播条播都适合
播种方法要灵活　　条播方法用得多
播行间距9寸❶多　　播种宜浅要记着
覆土2寸正合适　　覆草保墒出苗多
间苗定苗在五月　　苗距4寸要掌握
田间杂草要割除　　及时追肥利发棵
六月进行嵌芽接　　气温高来利成活

三、栽植

花椒喜温忌风斜　　喜光怕涝耐旱魔
虽然比较耐瘠薄　　丰产仍需细琢磨
生产条件不能错　　土层深厚应肥沃
有利生长把果结　　降雨五百毫米多
湿润沙土不板结　　有利扩根促成活
吸收利用养分多　　树壮果繁没得说
春栽秋栽都能活　　栽植方法要掌握
根系暴露尽量缩　　坑大墒好肥要多
栽后及时把干截　　控制蒸发促成活
两米左右栽一棵　　有利早期多结果

---

❶ 1寸≈3.33厘米。

四、生长期管理

花椒根系浅分布　　　杂草争肥争水多
如果土壤太板结　　　根毛枯死早脱落
三年之内很特别　　　苗木还没全缓过
及时中耕土疏松　　　壮根壮树好结果
果实主要收获物　　　磷钾肥料不能缺
过了九月采了果　　　施用基肥不停歇
有机肥料应多施　　　磷钾肥料要配合
花前施肥利坐果　　　主施氮肥不要错
果实膨大全靠叶　　　施早施足树旺盛
花椒生长自开角　　　修剪重把枯枝缩
夏剪抑长促坐果　　　方法应该细掌握
开心树形很不错　　　自然丛状结果多
低干矮冠便操作　　　修剪时间要灵活
培养枝组先短截　　　抽出枝条再优择
结果外移果少结　　　防止计划应早列
椒树衰老枝光秃　　　所抽新枝要短截
多余大枝早回缩　　　光好壮枝自然多
夏剪及时把芽抹　　　开张角度树势削
病虫防治莫耽搁　　　叶锈蚜虫和凤蝶
天牛跳甲害枝叶　　　黑胚煤污和干缩
影响生长早落叶　　　适时防治促光合
药物用到病虫灭　　　积累物质自增多
高产优质把果结　　　生产效益就不错

参考文献

[1] 张学权，杨坪. 花椒生态种植技术[M]. 成都：四川科学技术出版社，2006.

[2] 孟旭飞. 花椒品种选择注意事项[J]. 特种经济动植物，2018，（07）：33-34.

[3] 周鹏程. 无刺花椒的嫁接繁育及丰产栽培技术[J]. 特种经济动植物，2020，（02）：24-27.

[4] 王田利. 花椒周年管理历[J]. 河北果树，2008，（02）：65.

[5] 李红芳，许敏，张宏建，等. 渭北旱塬花椒栽培中存在的主要问题与对策[J]. 辽宁农业科学，2017，14（5）：2-4.